Elektronische Schaltungen rund um's

Telefon

4. Auflage

ISBN 3-928051-46-6
Elektor-Verlag, Aachen

4. Auflage 1995
© 1993 Elektor-Verlag GmbH, 52072 Aachen

Die in diesem Buch veröffentlichten Beiträge, insbesondere alle Aufsätze und Artikel sowie alle Entwürfe, Pläne, Zeichnungen und Illustrationen sind urheberrechtlich geschützt. Ihre auch auszugsweise Vervielfältigung und Verbreitung ist grundsätzlich nur mit vorheriger schriftlicher Zustimmung des Herausgebers gestattet.

Die Informationen im vorliegenden Buch werden ohne Rücksicht auf einen eventuellen Patentschutz veröffentlicht. Bei der Zusammenstellung von Texten und Abbildungen wurde mit größter Sorgfalt vorgegangen. Trotzdem können Fehler nicht vollständig ausgeschlossen werden. Verlag, Herausgeber und Autoren können für fehlerhafte Angaben und deren Folgen weder eine juristische Verantwortung noch irgendeine Haftung übernehmen. Für die Mitteilung eventueller Fehler sind Verlag und Autor dankbar.

Umschlaggestaltung: Ton Gulikers
Umschlagfoto: Iwan Peters
Grafische Gestaltung: Laurent Martin
Satz und Aufmachung: Raimund Krings, Elektor
Belichtung + Montage: Graphodata, Aachen
Druck: Drukkerij Giethoorn/NND, Meppel, Niederlande

Printed in the Netherlands

ISBN 3-928051-46-6
Elektor-Verlag, 52072 Aachen

Vorwort

Der Eingriff in die Kommunikationswege der Deutschen Bundespost Telekom war schon immer faszinierend, wenn auch verboten. Der Hinweis „Beim Betrieb sind die Bestimmungen der Deutschen Bundespost zu beachten" war so oder in ähnlicher Form fester Bestandteil mancher Gerätebeschreibung und mancher Veröffentlichung. Ob sich letztendlich auch jeder daran gehalten hat...

Seit der Liberalisierung des Bundespost-Monopols im Jahre 1990 ist einiges passiert. Durch das neue Gesetz ist der Endgerätemarkt in Bewegung geraten: Anbieter gibt es genügend, doch sind nicht alle angebotenen Geräte auch zugelassen, wie es noch immer Vorschrift ist. Was sich weiter hinter dem neuen Gesetz alles verbirgt, ist in Kapitel 2 in kurzer und knapper Form zusammengefaßt.

Anschließend beginnt der praktische Teil. Er beschreibt Bauvorschläge und -anleitungen für den Hausgebrauch, die es ermöglichen, den Komfort rund um's Telefon zu verbessern. So liefert beispielsweise eine Zusatzklingel (akustisch oder auch optisch) gute Dienste. Eine Haustelefonanlage verbessert die Verständigung untereinander und schließlich verbessert ein Mithörverstärker die Neugierde aller Anwesenden. Etwas handwerkliches Geschick und elektronische Grundkenntnisse vereinfachen den Auf- und Nachbau der beschriebenen Schaltungen. Aber auch Elektronik-Neulinge werden nicht allein gelassen. Das Buch beginnt mit einem Kapitel, das den Umgang mit den wichtigsten elektronischen Bauteilen beschreibt.

Die Telekom steht im Vertrieb von Endeinrichtungen (z. B. Telefone, Telefonanlagen und Zusatzeinrichtungen) im Wettbewerb mit privaten Anbietern. Eine exklusive Leistung der Telekom ist nach wie vor die Bereitstellung des Kommunikationsnetzes, das erst in den eigenen vier Wänden mit der ersten TAE-Dose endet. In das Leitungsnetz bis hin zu dieser Dose dürfen auch nach wie vor nur Telekom-Bedienstete oder von der Telekom autorisierte Firmen und Personen eingreifen.

Inhalt

1.	**Einführung in die Elektronik**	**7**
1.1	Bauteile	7
1.2	Lötkolben, Lötzinn	9
1.3	Fehlersuche	10
1.4	Netzspannung	12
1.5	Komponenten	13
2.	**Telefontechnik**	**25**
2.1	Seit 1. dem Juli 1990: Kein Postmonopol für Endgeräte	25
2.2	Etwas Technik	31
3.	**Klingelingeling**	**37**
3.1	Telefonmelder	37
3.2	Telefon-Lichtklingel	39
3.3	Telefonklingel	43
3.4	Telefon-Zweitklingel	44
3.5	Digitaler Bandpaß	55
3.6	Telefonlampe	58
4.	**Fernsteuern per Telefon**	**61**
4.1	Telefonische Fernsteuerung	61
4.2	DTMF Dekoder	72
5.	**Kommunikation round the house**	**83**
5.1	Haustelefonanlage	84
5.2	Tastwahl fürs Telefon	93
5.3	Mini-Haus-Telefonanlage	97
5.4	Baby-Telefon	104
5.5	Low-Cost-Haustelefon	112

6. Etwas Schnickschnack drum herum **119**
6.1 Tel-Amp 119
6.2 Telefon-Anruf-Beantworter 124
6.3 Telefongesprächszähler 131
6.4 Melodische Chips 135
6.5 Automatischer Telefonwähler 138
6.6 Telefon besetzt 140

1. Einführung in die Elektronik

1.1 Bauteile

Alle Schaltungen sind durchweg nur mit Standardbauteilen aufgebaut, deren Beschaffung keine Schwierigkeiten bereiten sollte. Da diese Bauteile auch relativ preiswert sind, sollte man auf gute Qualität achten. Bei Ramschangeboten, z. B. Widerstände kiloweise oder ungestempelte Transistoren, handelt es sich zumeist um Ausschußware. Das führt zu Mißerfolgen und ist letztendlich teurer, als vernünftiges Material in den benötigten Kleinmengen zu kaufen.

Die Belastbarkeit der Widerstände beträgt, sofern nicht anders angegeben, 1/4 Watt.

Die Spannungsfestigkeit von Folienkondensatoren sollte um mindestens 20 % höher als die Betriebsspannung der Schaltung gewählt werden. Bei Elektrolytkondensatoren ist die erforderliche Spannungsfestigkeit in den Schaltbildern angegeben.

Sollte ein Halbleitertyp nicht vorrätig sein, kann manchmal auch ein Äquivalenttyp verwendet werden (siehe: „Komponenten").

ICs (Integrierte Schaltungen) werden oft von verschiedenen Herstellern mit unterschiedlichen Typenbezeichnungen angeboten. In den Schaltbildern ist die meist einheitliche Ziffer der Typenbezeichnung angegeben.
Beispiel: Der Operationsverstärker 741.
741 bedeutet: µA 741, LM 741, MC 741, MIC 741, RM 741, SN 72741 usw.
Besonders Anfängern wird geraten, IC-Sockel zu verwenden.

Symbole

Einige Schaltzeichen, besonders die für logische Gatter, weichen von der DIN-Norm ab. Da der Elektor-Verlag in vielen Ländern der Erde publiziert, verwenden wir die am weitesten verbreiteten Symbole.
Im Fall der logischen Blöcke sind dies nicht die DIN-Zeichen, sondern die amerikanischen Symbole. Für alle Leser, denen diese Norm unbekannt ist, haben wir die DIN-Beschriftung in die amerikanischen Gatterzeichen eingesetzt (siehe auch „Komponenten").

Werte

Widerstands- und Kondensatorgrößen werden üblicherweise in einer Schreibweise ohne Komma wiedergegeben. Statt dessen werden die international gebräuchlichen Abkürzungen für Dezimalfaktoren benutzt.

p (Piko)	$= 10^{-12}$	= der millionste Teil einer Million
n (Nano)	$= 10^{-9}$	= ein Milliardstel
µ (mikro)	$= 10^{-6}$	= ein Millionstel
m (Milli)	$= 10^{-3}$	= ein Tausendstel
k (Kilo)	$= 10^{3}$	= Tausend
M (Mega)	$= 10^{6}$	= Million
G (Giga)	$= 10^{9}$	= Milliarde

Einige Beispiele für Widerstands- und Kapazitätsangaben:

3k9 = 3,9 kΩ = 3900 Ω
0Ω33 = 0,33 Ω
4p7 = 4,7 pF
5n6 = 5,6 nF
4μ7 = 4,7 μF

1.2 Lötkolben, Lötzinn

❐ Am günstigsten ist ein Lötkolben mit 15…30 W Leistung und einer Dauerlötspitze (gerade, etwa 2 mm breit).

❐ Es wird ausschließlich gutes Elektronik-Lötzinn, bestehend aus 60 % Zinn und 40 % Blei, benutzt. Im Zentrum des Lötdrahtes befindet sich ein Strang aus Flußmittel, das beim Löten verdampft und Oxydationen verhindert. Empfehlenswerte Stärke: 1 mm.

❐ Lötmittel wie Lötwasser, Lötpaste usw. sollten nicht benutzt werden.

❐ Alle Bauteile muß man zuerst mechanisch stabil befestigen: Alle Drahtenden werden durch die jeweiligen Bohrungen gesteckt und leicht angewinkelt bzw. umgebogen.

❐ Der Lötkolben wird aufgeheizt und die Spitze mit einem alten, sauberen Lappen (oder feuchten Spezialschwamm) von Oxydationsresten befreit.

❐ **Beide** Teile, die verlötet werden sollen, z. B. Kupferbahn und Anschlußdraht, werden mit dem Lötkolben erhitzt.

❐ Jetzt wird das Lötzinn zugeführt. Das Zinn muß **fließen**. Die richtige Menge zu dosieren, ist Übungssache.

❐ 1 bis 2 Sekunden später wird der Lötkolben weggezogen. Die Lötstelle kühlt ab. Sie darf dabei nicht bewegt werden, da sich sonst feine Risse im Zinn bilden.

- Eine gelungene Lötung erkennt man daran, daß die Lötstelle die Form einer Hohlkehle hat.
- Die Bauteile und Leiterbahnen dürfen nicht zu heiß werden. Das gilt insbesondere für Halbleiter. Kritisch: LEDs! (Eventuell beim Löten mit einer Pinzette kühlen.)

Abschluß

- Überstehende Drahtenden werden direkt an der Lötstelle mit einem kleinen Seitenschneider abgeknipst. (Kann man auch schon vor dem Löten machen. Das sieht dann etwas besser aus.)
- Zur Schonung der Lötspitze sollte der Lötkolben nach Beendigung der Lötarbeiten oder bei Pausen von mehr als einer Viertelstunde abgewischt und ausgeschaltet werden.
- Zum Entfernen von Lötzinn wird Entlötlitze verwendet: Litze auf die Lötstelle legen und beides mit dem Kolben erhitzen. Die Litze saugt das heiße Zinn auf. Lötkolben und Litze gleichzeitig abheben.
- Für die ersten Lötversuche sollte man hitzeunempfindliche Bauteile verwenden: Drähte oder Widerstände.

1.3 Fehlersuche

Es ist nichts Ungewöhnliches, wenn eine Schaltung nicht auf Anhieb funktioniert. Fast alle Fehler lassen sich jedoch schnell einkreisen, wenn man die betreffende Schaltung systematisch untersucht.

Als erstes sollte man den Aufbau überprüfen:

- Sind die richtigen Bauteile an der richtigen Stelle? (Werte und Typenbezeichnungen vergleichen.)
- Sind sie richtig gepolt?

❐ Stimmen die Anschlüsse der Halbleiter? (Gelegentlich ist unklar, ob Anschlußbilder von oben oder von unten gelesen werden. Die in diesem Buch gezeigten Bestückungspläne sind immer von oben aufgenommen.)

❐ Ist alles sauber gelötet? (Test: Mit einer Pinzette an den Anschlußdrähten wackeln.)

❐ Sind keine Kurzschlüsse entstanden?

Da man eigene Irrtümer bekanntlich leicht übersieht, lohnt es sich häufig, jemand anderen die bestückte Platine überprüfen zu lassen.

Eine weitere Kontrollmethode ist, den Schaltplan wegzulegen und anhand der fertigen Schaltung das Schaltbild selbst zu zeichnen. Unterschiede zwischen dem Original und der eigenen Skizze deuten auf Fehler.

Als nächstes sollte man die Betriebsspannung und gegebenenfalls die Spannungsangaben der Bauanleitung nachmessen. Batteriespannungen sacken stark ab, wenn die Zellen zur Neige gehen.

Wenn alles nichts nützt, muß ein Fachmann befragt werden. Die Verkäufer in den Elektronikfachgeschäften sind fast immer selbst erfahrene (Amateur-) Elektroniker und sicher bereit, (außerhalb der Stoßzeiten) zu helfen.

Meßwerte

Gelegentlich werden in Schaltplänen oder im Text Meßwerte angegeben. Diese Angaben sind als Richtwerte zu betrachten, d. h., die Meßwerte dürfen um etwa ±10% abweichen. Die Messungen werden mit einem handelsüblichen Multimeter (Innenwiderstand 20 kΩ/V) durchgeführt.

1.4 Netzspannung

1. Aufbau

- Netzspannungsführende Leiter müssen so isoliert sein, daß sie bei geschlossenem Gehäuse nicht berührbar sind, auch nicht unter Zuhilfenahme eines langen, dünnen Stabes. Alle von außen erreichbaren metallischen Teile müssen geerdet werden (wenn sie nicht von innen isoliert sind). Ein Netzspannungsschalter mit Metallknebel muß auch dann geerdet werden, wenn er in einem Kunststoffgehäuse montiert wird.
- Das Netzkabel muß mittels einer Zugentlastung am Gehäuse befestigt werden.
- Die drei Adern des Netzkabels müssen mechanisch stabil befestigt sein. Die Befestigung darf nicht alleine auf einer Lötung beruhen. Der Erdleiter (Kennfarben: gelb-grün) muß länger als die beiden anderen Leiter sein, damit er sich bei eventuellem Herausreißen des Netzkabels als letzter löst.
- Nicht isolierte netzspannungsführende Teile müssen von anderen, ebenfalls blanken Leitern mindestens 3 mm entfernt sein.

2. Testen

- Alle Arbeiten (Löten, Montieren...) am geöffneten Gerät dürfen nur bei gezogenem Netzstecker durchgeführt werden. Abschalten alleine genügt nicht. (Stecker in die Hosentasche!)
- Vor der Inbetriebnahme prüfen, ob alle netzspannungsführenden Teile stabil befestigt sind. Mit dem Ohm-Meter auf nichtleitende Kontakte bzw. Kurzschlüsse untersuchen.

❑ Beim Testen von netzspannungsführenden Teilen einer Schaltung zuerst die Meßschnüre mit isolierten Clipsen anklemmen, dann den Stecker einstecken. Clipse erst nach dem Abschalten wieder lösen.

❑ Beim Messen im Niederspannungsteil einer Schaltung müssen alle netzspannungsführenden Teile isoliert sein, um ein versehentliches Berühren auszuschließen.

1.5 Komponenten

Die Schaltpläne in diesem Buch enthalten folgende Schaltzeichen:

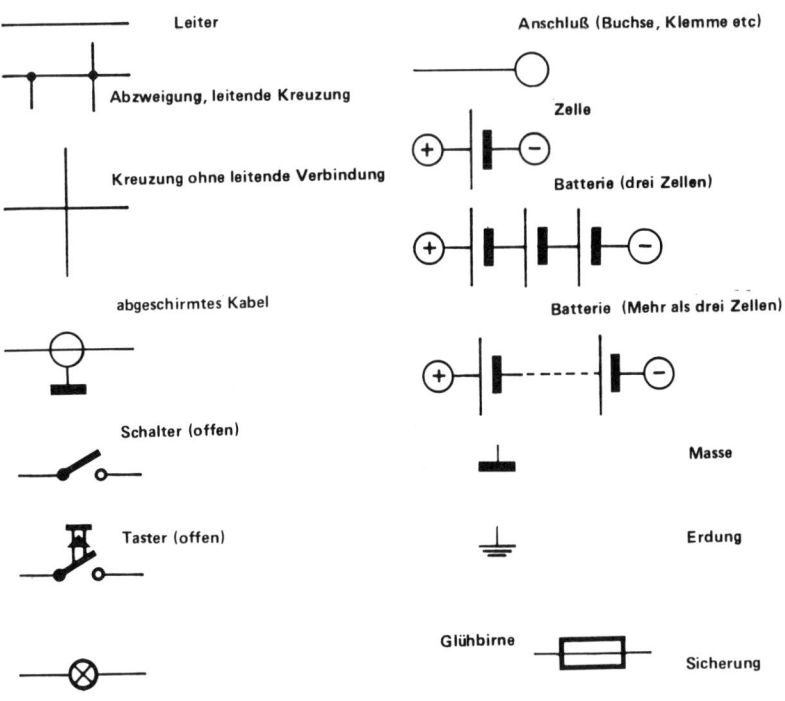

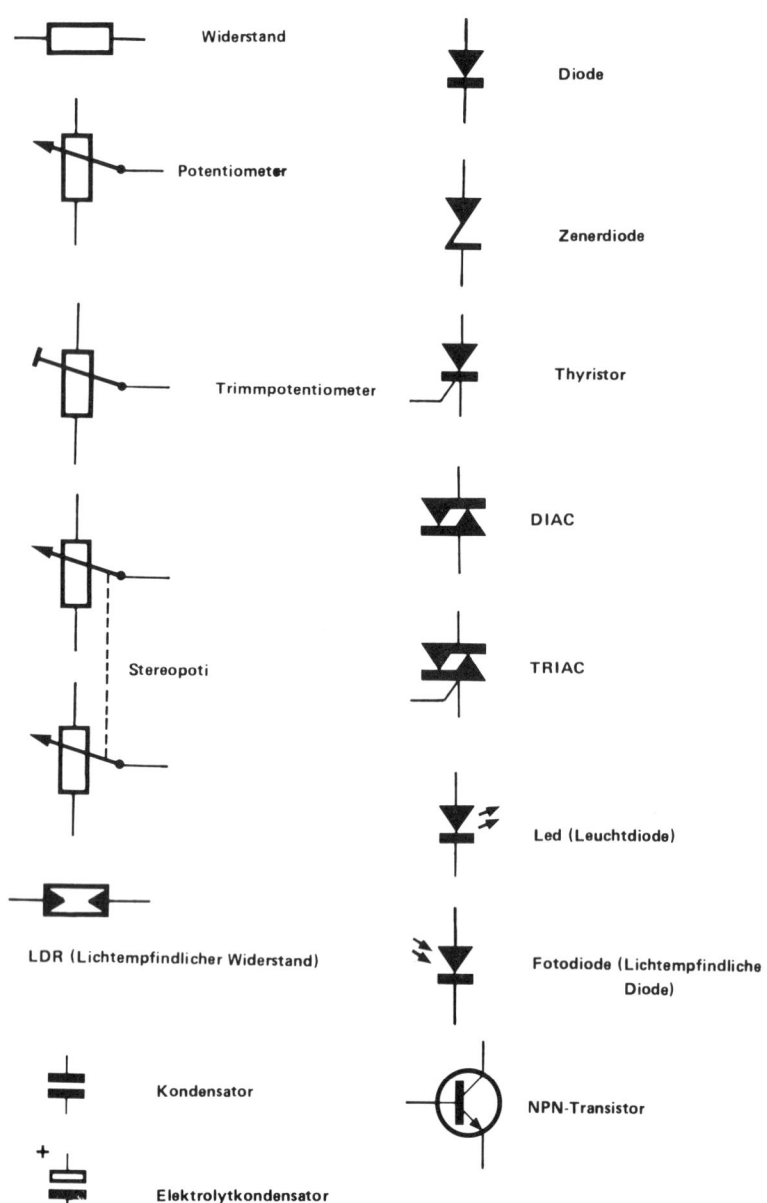

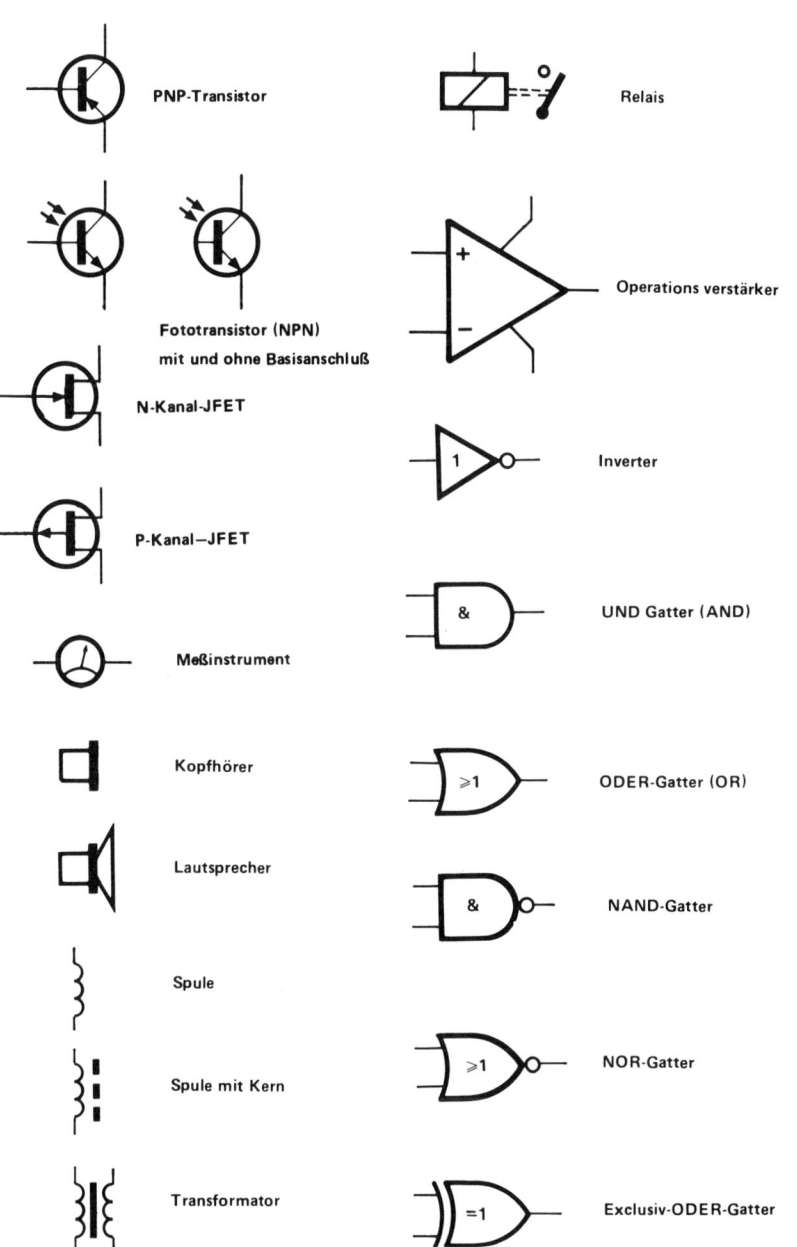

Widerstände

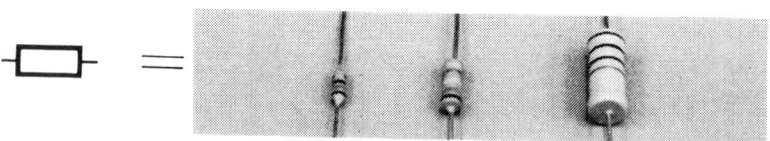

werden mit R bezeichnet. Farbringe kennzeichnen den Wert der Kohleschichtwiderstände, die in den Schaltungen zur Anwendung kommen.

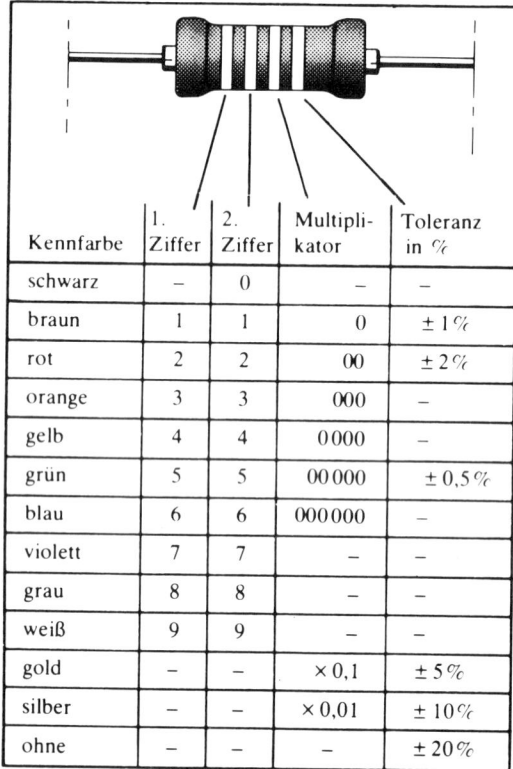

Kennfarbe	1. Ziffer	2. Ziffer	Multiplikator	Toleranz in %
schwarz	–	0	–	–
braun	1	1	0	± 1 %
rot	2	2	00	± 2 %
orange	3	3	000	–
gelb	4	4	0 000	–
grün	5	5	00 000	± 0,5 %
blau	6	6	000 000	–
violett	7	7	–	–
grau	8	8	–	–
weiß	9	9	–	–
gold	–	–	× 0,1	± 5 %
silber	–	–	× 0,01	± 10 %
ohne	–	–	–	± 20 %

Beispiele für Widerstandswerte:
braun rot braun silber: 120 Ω 10 %
gelb violett orange silber: 47000 Ω = 47 kΩ 10 % (in unserer Schreibweise: 47 k)
braun grün grün gold: 1500000 Ω = 1,5 MΩ 5 % (in unserer Schreibweise: 1M5)
In den Schaltungen werden nur Widerstände der Normreihe E12 mit 10 % (oder 5 %) Fertigungstoleranz eingesetzt. Sie kosten einzeln ca. DM 0,10.

Potentiometer

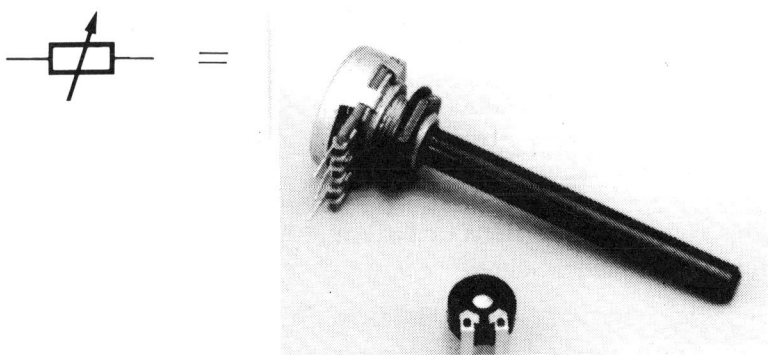

(Potis) sind spezielle Widerstände mit einem verstellbaren Schleifkontakt. Über den Schleifkontakt wird ein Teil der Spannung, die am gesamten Potiwiderstand liegt, abgegriffen. Einstellpotis (Trimmer), die mit einem Schraubenzieher justiert werden, sind ab etwa DM 0,50 erhältlich, Potis mit einer Achse für Drehknöpfe ab ungefähr DM 1,50.

Kondensatoren

sind kleine Ladungsspeicher. Da sie für Wechselspannungen durchlässig sind, für Gleichspannungen jedoch nicht, werden sie außerdem zum Übertragen von Wechselspannungen benutzt. Die Speicherfähigkeit von Kondensatoren, Kapazität genannt, wird in Farad (F) gemessen. Die Werte gebräuchlicher Kondensatoren (Folien-, Schicht- und Keramikkondensatoren) liegen zwischen 1 pF und 1 μF

$$\frac{1}{1000000000000 \text{ F}} \quad \text{und} \quad \frac{1}{1000000 \text{ F}}$$

Die Werte sind meistens in Ziffern aufgedruckt, häufig in der hier verwendeten Schreibweise.

Beispiele: 1n5 = 1,5 nF; μ03 = 0,03 μF = 30 nF; 100p (oder n100 oder n1) = 100 pF.

Außer den Kapazitätswerten ist die Spannungsfestigkeit von Bedeutung. Sie sollte, wie bereits gesagt, mindestens 20 % über der Betriebsspannung liegen.

Die Preisskala für Kondensatoren, abhängig von Kapazität und Spannungsfestigkeit, beginnt bei ca. DM 0,30. Die Kondensatoren für unsere Schaltungen kosten in der Regel weniger als DM 1,50.

Elektrolytkondensatoren

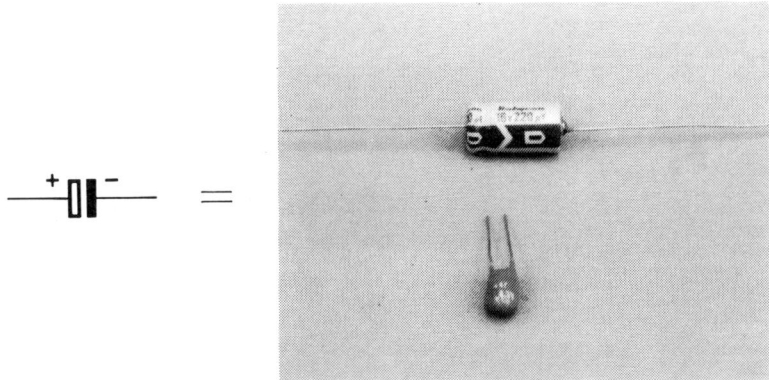

(Elkos) haben eine besonders hohe Kapazität (Größenordnungen: 1 µF bis 10000 µF). Dafür sind sie jedoch polarisiert, sie besitzen einen Plus- und einen Minusanschluß, die man nicht vertauschen darf. Die Anschlüsse sind deutlich gekennzeichnet. Bei Tantal-Elkos, einer besonders kleinen Bauform, erkennt man den Pluspol zusätzlich am längeren Anschlußdraht. Auch die Preise der Elektrolytkondensatoren sind typabhängig. Ein 10 µF/35-V-Elko kostet ca. DM 0,40.

Dioden

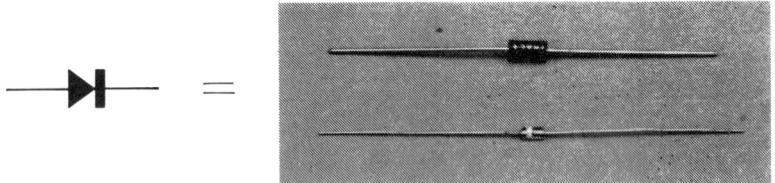

sind elektronische Einbahnstraßen. Sie leiten den Strom nur in eine Richtung. Kommt der Strom aus der verkehrten Richtung, sperren sie.

In Durchlaßrichtung stellt sich an den Anschlüssen einer Siliziumdiode eine Spannung von ca. 0,6 V ein (Schwellspannung). Die beiden Anschlüsse heißen Katode (Balken im Symbol) und Anode (Trichter). Meistens ist der Katodenanschluß markiert, z. B. durch einen Farbring, einen Punkt oder eine Gehäuseverjüngung.

Ist die Anschlußbelegung unbekannt, testet man sie mit einer Taschenlampenbatterie und einem Birnchen.

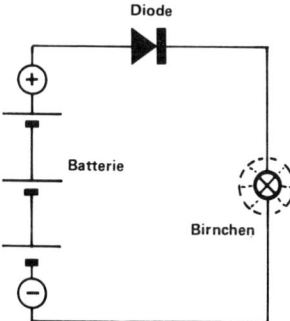

Das Lämpchen brennt nur, wenn die Diode in der oben gezeichneten Richtung eingesetzt ist.

Die zulässige Sperrspannung und der maximale Strom in Durchlaßrichtung sind die wichtigsten Kenndaten der Dioden. In unseren Schaltungen sind überwiegend zwei Typen vertreten:
1N4148 (Sperrspannung 75V, Durchlaßstrom 200mA), Preis ca. DM 0,15;
1N4001 (Sperrspannung 50V, Durchlaßstrom 1A), Preis ca. DM 0,25.

Leuchtdioden

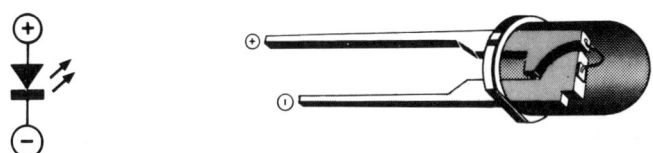

LEDs) sind in einem durchsichtigen Gehäuse eingebaut und leuchten auf, wenn Strom durchfließt. Die Spannung beträgt jedoch nicht 0,6 V wie bei normalen Siliziumdioden, sondern je nach Typ zwischen 1,6 V und 2,4 V. Der Strom sollte normalerweise bei 15 mA bis 25 mA liegen (Preis für rote LEDs: ab DM 0,25).

Transistoren

haben drei Anschlußbeine mit den Bezeichnungen Basis, Emitter und Kollektor.

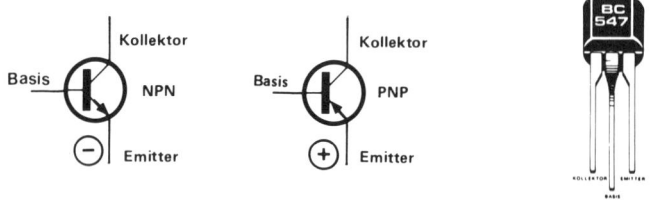

Man unterscheidet NPN- und PNP-Transistoren. Bei NPN-Transistoren liegt der Emitter am Minuspol, bei PNP-Ausführungen am Pluspol der Speisespannung. Ein kleiner Strom, der von der Basis zum Emitter fließt, verursacht einen (viel) größeren Strom zwischen Kollektor- Emitteranschluß. Man sagt: Der Transistor verstärkt den Basisstrom (Stromverstärkung). Transistoren sind heute die wichtigsten Grundelemente von Verstärkerschaltungen.

Bei uns werden meistens die Typen BC547 (NPN) und BC557 (PNP) verwendet. Beide haben die gleiche Anschlußbelegung, die beim Löten beachtet werden muß.

Sollte ein angegebener Transistortyp einmal nicht vorrätig sein, kann man folgende Typen untereinander austauschen:

NPN-Typen BC547 (-8, -9); BC107 (-8, -9), BC237 (-8, -9).
PNP-Typen BC557 (-8, -9), BC177 (-8, -9), BC251 (-2, -3).
Diese Transistoren kosten etwa DM 0,40.

Integrierte Schaltung

Es gibt inzwischen so viele IC-Typen, daß sich nur wenig Allgemeines sagen läßt. Die meisten ICs sind in DIL-Gehäuse (Dual-In-Line), den bekannten „Käfern" mit zwei Beinchenreihen, eingegossen (siehe oben). Die Beine der DIL-ICs stehen häufig zu weit auseinander. Man muß sie vor dem Einstecken in die Sockel vorsichtig (nicht zu weit!) zusammenbiegen. Damit die ICs richtig herum eingesetzt werden, ist Pin 1 durch eine Markierung am Gehäuse gekennzeichnet: ein Punkt, ein Schlitz o. ä..

2. Telefontechnik

Eine EG-Richtline aus dem Jahre 1988 zwang die Deutsche Bundespost TELEKOM, den sogenannten Endgerätemarkt zum 1. Juli 1990 freizugeben. Wie weit diese Liberalisierung geht, wer was und wann anschließen darf, erläutert dieses Informationskapitel.

2.1 Seit dem 1. Juli 1990: Kein Postmonopol für Endgeräte

Voller Stolz teilte der Bundesminister für Post und Telekommunikation, Dr. Christian Schwarz-Schilling am 28. Juni 1990 auf einer Pressekonferenz in Bonn mit:

„... wird ab 1. Juli 1990 nunmehr das letzte Monopol der Deutschen Bundespost TELEKOM im Endgerätebereich aufgehoben. In Zukunft können alle Endgeräte vom Kunden bei der Post, im Kaufhaus, Fachhandel oder wo auch immer beschafft werden."

Eingeschränkte Freiheit

Wer nunmehr aber denkt, er könne jedes total durchgestylte Telefonkunstwerk erwerben und an das Postnetz anschließen, der hat leider nur geträumt. Die ersten frei marktwirtschaftlichen Gedanken werden gedämpft, denn Bedingung ist in jedem Fall die Zulassung des Gerätes durch das Zentralamt für Zulassungen (ZZF) in Saarbrücken. Daran ändert auch eine TÜV-Prüfung nichts, mit der ein cleverer Anbieter seine Importware aufzuwerten versucht: Die Telefone mögen ja durchaus in Ordnung sein (und sind es wohl auch, schließlich gibt es ja in einer Reihe von Ländern keine Probleme damit) — ohne den ZZF-Zulassungsaufkleber mit der begehrten Nummer darf man das legal und preiswert gekaufte Schmuckstück nicht in die liberalisierte Anschlußdose stecken — nach wie vor nicht. Beim Kaufhausgerät mit ZZF-Nummer darf man jetzt aber selbst einstöpseln — und das durfte man ja bisher auch nicht. Also doch ein Fortschritt.

Geprüfte Exklusivität

Im Prinzip ist ja gegen eine Zulassungsprüfung nichts einzuwenden, schließlich gibt es auch einige ganz vernünftige Kriterien, deren Kontrolle durchaus im Sinne des Verbrauchers liegt:

❏ Die Endgeräte dürfen weder Personen gefährden, noch das Leitungsnetz schädigen.

❏ Endgeräte dürfen keine elektromagnetischen Störungen in der Umgebung verursachen, umgekehrt darf ein Gerät selbst nicht zu empfindlich sein.

❏ Es muß problemlos an die neue Anschlußdose (TAE, Telekommunikations-Anschluß-Einheit) anschließbar sein (Bild 1).

Tatsächlich ist die Liste der für eine Zulassung geltenden Richtlinien aber eine sehr lange, und vieles dient weniger dem Kunden als den bisherigen Hoflieferanten der Bundespost. Das geht laut einem Bericht der „Funkschau" (Heft 14/1990) sogar so weit, daß einige von der Bundespost bisher installierte Telefone nach den neuen Richtlinien nicht mehr zugelassen

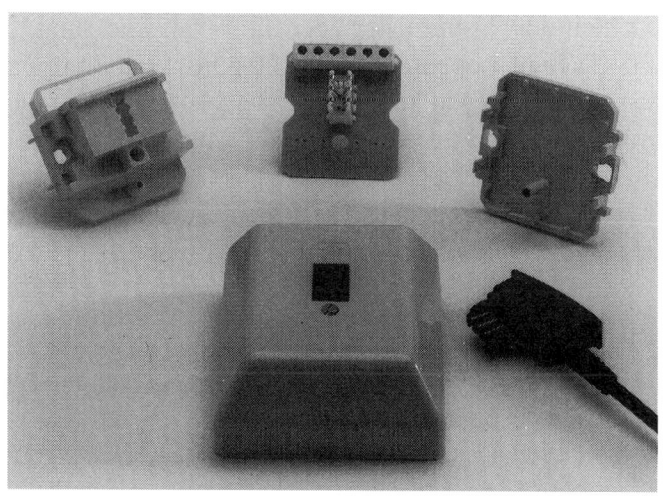

Bild 1. Anatomie der Telefonanschlußdose TAE.

wären. Um solche Peinlichkeiten nicht aufkommen zu lassen, gilt alles, was die Bundespost vor dem 1.10.88 in Verkehr gebracht hat, per Erklärung (statt ZZF-Prüfung!) automatisch als zugelassen. Wie praktisch für die Post-TELEKOM, eine Zulassung hätten sonst nur solche Postendgeräte, die nach diesem Datum eingeführt wurden. Weniger praktisch ist die ZZF-Prüfung für innovative Anbieter, die sich noch nicht jahrzehntelang an das Grüßen technischer Geißlerhüte gewöhnt haben. So ist beispielsweise die zulässige Hörerform durch eine Schablone definiert — was nicht in die Schablone paßt, fällt durch. Als ob ein modernes Elektretmikrofon um keinen Deut besser wäre als Opas Kohlekapsel — aber man hat ja seine Schablonen. Deshalb dauert eine Prüfung dann auch Monate statt Wochen und kostet entsprechend. Daß eine erfolgreiche ZZF-Zulassungsprüfung obendrein noch nicht einmal die Qualität des Fernsprechens sichert, läßt sich problemlos mit ZZF-zugelassenen Telefonen mit Freispracheinrichtung beweisen, deren Tonqualität wir keinem Anrufer zumuten möchten.

So freute sich der Postminister über die Erfolgsmeldung, daß bereits 38 (!) Telefonapparate (Stand 20.6.90) vom Zentralamt für Zulassungen (ZZF) in Saarbrücken zugelassen wurden. Das ZZF ist übrigens direkt dem Ministerium unterstellt und nicht Teil des Telekom-Bereichs der Post. Die Telekom muß ihre Geräte formell gesehen genauso beim ZZF zugelassen bekommen wie jeder private Anbieter auch.

Nur mit TAE

Voraussetzung für die Zulässigkeit des eigenhändigen Einstöpselns eines Telefons sind:
1. ZZF-zugelassenes Endgerät
2. TAE-Steckdose

Mitte 1990 waren etwa 8 Millionen TAE's installiert, während der Minister aber inzwischen schon den dreißigmillionsten Fernsprechteilnehmer begrüßte. Bis weit in die zweite Hälfte der neunziger Jahre wird es sicherlich noch dauern, bis alle Teilnehmer eine TAE besitzen. Außerdem müssen die bereits installierten TAE's nochmals nachgerüstet werden, da sie bis jetzt keine Leitungsprüfung zulassen — es fehlt noch der passive Prüfabschluß, PPA genannt.

Im Zuge des Umrüstungsprogramms sowie bei jeder aus anderen Gründen erforderlichen Amtshandlung beim Teilnehmer (z. B. Störungsbseitigung oder Austausch des Apparates) wird die TAE unaufgefordert und kostenlos installiert. Will man darauf nicht warten, gibt es zusätzliche Kosten von immerhin 65 DM.

Kosten, Kosten ...

Was kann der Teilnehmer mit der Postliberalisierung ab dem 1. Juli 1990 anfangen? Betrachten wir dazu Bild 2. Das Postmonopol endet nunmehr hinter der ersten TAE. Bei einem Antrag für einen Telefonanschluß ist dies die Mindestausstattung, die die Post installiert (Anschlußkosten einmalig 65 DM, monatliche Bereitstellung 24,60 DM). Natürlich kann die Post noch mehr, etwa eine zweite und dritte TAE anschließen (bei gleicher Gelegenheit jeweils einmalig 10 DM) oder das Telefon zur Verfügung stellen (billigste Version einschließlich Wartung etwa 2,40 DM/Monat).

Die erste TAE („Erstdose") gehört nach wie vor zum „Monopol des Bundes" und darf nur von der Post (TELEKOM) installiert werden.

Selbst austauschen ist nicht zulässig.

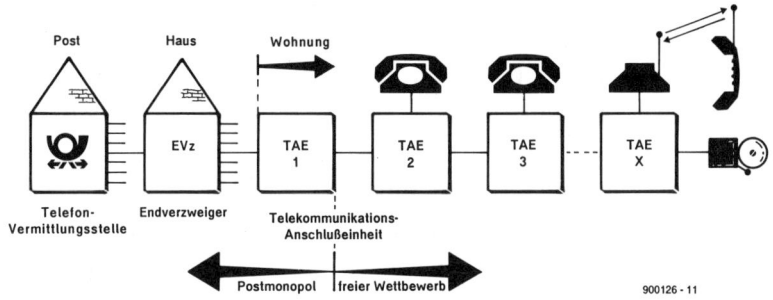

Bild 2. Die Post im freien Wettbewerb ... aber nur bedingt.

Selber machen

Auch eine zweite oder dritte TAE oder sonstige (zugelassene) Steck- und Anschaltdosen darf man keineswegs selbst installieren. Außer den Postbediensteten dürfen jetzt aber auch andere „zugelassene Personen" tätig werden. Ein Amtsblatt regelt, wer zugelassen werden kann, u. a. Firmen und Personen, die auch Elektroinstallationen ausführen dürfen. Ein Antrag auf Zulassung nach ZZF-Richtlinie 9 R 100 ist dann auch noch zu stellen, aber für einen tüchtigen Elektriker ist das wohl kein Problem.

Der freie Anbietermarkt wird sicherlich regeln, ob etwa beim Kauf eines drahtlosen Telefons oder eines teuren FAX-Gerätes notwendige Installationsmaßnahmen im Preis enthalten sind.

Allerdings muß man eventuelle Wartungs- oder Reparaturkosten nun selbst übernehmen, das Postmonopol endet ja an der ersten TAE-Dose. Mit dem Anrufen der Störungsstelle der Post muß man dann auch vorsichtig werden. Liegt der Fehler nicht an der Postleitung, sondern am privaten Endgerät, schreibt die Post eine angemessene Rechnung für den Einsatz.

Selbstverständlich dürfen auch nur Endgeräte mit TAE-Stecker verwendet werden, ZZF-Nummer vorausgesetzt. Nicht immer ist das ZZF-Symbol der Persilschein zum freien Anschluß. Ist ein Zusatz wie „Zugelassen für Anlagen" vorhanden, sollte man der Post unbedingt glauben. Diese Apparate verwenden in der Regel ein Mehrton-Wahlverfahren, das nicht mit dem öffentlichen Postnetz kompatibel ist. Apropos Nebenstellenanlagen: Deren Installation ist weiterhin nur der Post und zugelassenen Telefonbaufirmen vorbehalten, letztere müssen die Anlage dann von der Post abnehmen lassen. Hingegen besteht für privat gekaufte ZZF-zugelassene Endgeräte keine Melde- oder Abnahmepflicht - ähnlich wie z. B. bei Mikrowellengeräten. Die in der Verpackung mit dem Gerät gelieferte Zulassungskarte beinhaltet eine „Allgemeine Benutzungserlaubnis" — man sollte dieses wertvolle Dokument aufbewahren.

Wie zuvor erwähnt, gelten postalische Altgeräte automatisch als zugelassen. Diese Geräte haben meist ein Posthorn, die Bezeichnung „POST" oder „BP" auf dem Etikett beziehungsweise eingeprägt (Bild 3). Gelegentlich kann man solche „Altgeräte" zum Schnäppchenpreis erwerben. Und wenn dann noch ein zugelassener Elektriker den notwendigen TAE-Stecker anbringen darf...

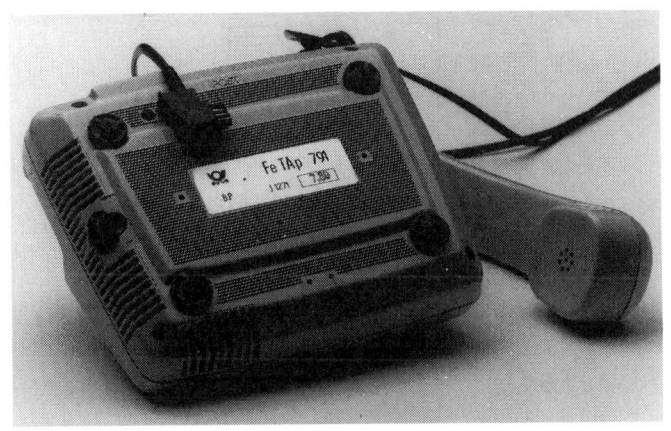

Bild 3. Auch ältere Telefone sind an der TAE zugelassen.

2.2 Etwas Technik

Für den Fall, daß der Elektriker noch nicht über die Installations- und Konfigurationsvorschriften der Post verfügt, können wir mit Bild 4 vorab etwas Hilfestellung leisten.

In der linken Bildhälfte sind die von außen sichtbaren Anschlußbuchsen einer TAE dargestellt. Zur Zeit gibt es zwei Grundtypen, die unterschiedlich kodiert sind. Der Typ F ist die Anschlußbuchse für das Telefon. Hier paßt aufgrund der mechanischen Kodierung nur der TAE-Telefonstecker (im Bild rechts). Typ N ist für zusätzliche Endgeräte wie etwa einen gesonderten Anrufbeantworter oder ein FAX-Gerät. In der Regel ist hier ein manueller oder elektronischer Umschalter erforderlich, wenn beide Geräte parallel arbeiten sollen.

Die Anschlußbelegung des Telefonkabels zum TAE-Stecker zeigt Tabelle 1. Intern enthalten alle TAE's Öffner-Kontakte, wie in der Schaltzeichnung einer Doppeldose (Bild 5) für zwei

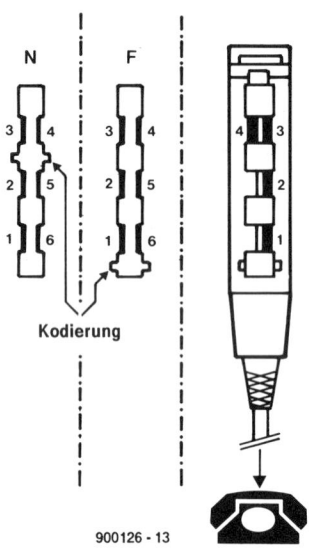

Bild 4. Kodierung und Kontaktanordnung der neuen TAE.

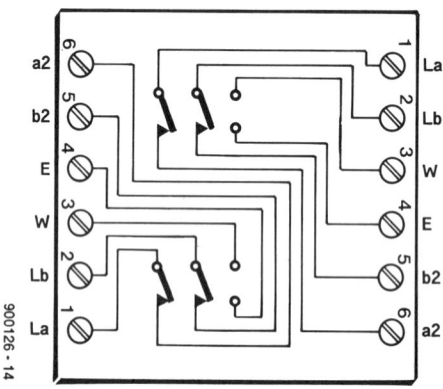

Bild 5. Die innere Schaltung einer TAE für zwei Hauptanschlüsse.

Hauptanschlüsse dargestellt ist. Beim Einstecken des TAE-Steckers werden die Kontakte 1/6 und 2/5 voneinander getrennt. Daher ist bei einer Serienschaltung von TAE's in verschiedenen Räumen (siehe auch Bild 2) stets nur das der ersten TAE nächste Telefon funktionsfähig. An anderen eingesteckten Telefonen kann man nicht mithören. Andererseits kann bei nur einem Telefon jede beliebige TAE ausgewählt werden, eine Verbindung ist immer vorhanden. Technisch sind hier (siehe Bild 5) die Linienausgänge a2/b2 mit den Linieneingängen La/Lb der nächsten TAE verbunden.

Tabelle 1. Kodierung des Telefonkabels

Kontakt	Bezeichnung	Farbe
1	la	weiß
2	Lb	braun
3	W	grün

Tips zum Schluß

Wenn Sie sich für den freien Wettbewerb entschieden haben, kann es bei Störungen leicht zu Meinungsverschiedenheiten mit der Entstörstelle der Post kommen. Wenn Sie deren erste Frage (Ist Ihr Telefon von der Post?) mit Nein beantworten, wird es schwierig. Denn nur die etwa ab Juli installierten TAE's besitzen einen „Passiven Prüfabschluß" (PPA). Dies ist eine in die erste TAE eingebaute Diode mit Widerstand (Bild 6). Nur bei diesen neuen Anschlußdosen läßt sich die Postleitung vom Meßtisch aus einfach und schnell überprüfen. Die bereits 8 Millionen installierten Dosen müssen nachgerüstet werden. Im Falle einer Störung sollte man sich daher ein (beim freundlichen Nachbarn) einwandfrei funktionierendes Gerät leihen und zum Test in die erste TAE stecken. Je nach Ergebnis können Sie beruhigt die Post anrufen oder Ihr defektes Telefon zum Händler zurückbringen.

Die Installation einer TAE ist nur bei Umzug oder Neuanschluß ohne Extrakosten — oder wenn die Post von sich aus aktiv

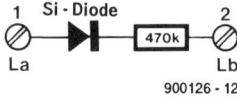

Bild 6. Der „Passive Prüfabschluß" muß in 8 Millionen TAE's nachgerüstet werden.

wird. Wenn Sie aber noch keien TAE haben und an BTX interessiert sind, bekommen Sie die TAE im Zuge der Installation der BTX-Box geschenkt. Ganz gratis schaltet die TELEKOM übrigens auch die 16-kHz-Gebührenimpulse auf Ihren Anschluß auf, wenn Sie einen privaten Gebührenzähler nutzen möchten.

Umzug und Neuanschluß sind günstige Gelegenheiten, um zusätzliche TAE's für nur 10 DM pro Dose durch die Post zu erhalten. Inzwischen bietet die Fernmeldeindustrie aber auch fertig mit Kabel und TAE-Stecker konfektionierte Doppeldosen (wie in Bild 5). Diese steckt man in die erste TAE ein und kann dann je nach Bedarf verlängern, ohne elektrische oder mechanische Eingriffe vorzunehmen. Bei Umzügen kann man die Verlängerungen mitnehmen.

Beim Anschluß von weiteren Endgeräten kommen meist erhebliche Zusatzkosten für den elektronischen Umschalter und Anschluß hinzu. Diese Kosten lassen sich vermeiden, indem man gleich ein Kombinationsgerät kauft (Bild 7).

Und im übrigen gilt:
Der Markt wird's schon richten ... jedenfalls rechnet die einschlägige Industrie trotz der noch immer eher restriktiven Zulassungsbedingungen mit einer kräftigen Belebung (geschätzt 2 Milliarden DM Volumen) auf dem Endgerätemarkt.

Auf den EG-Binnenmarkt sollte man keine allzu großen Hoffnungen für eine weitere Liberalisierung setzen. Zwar wird es eine EG-Richtlinie „NET 4" geben, neben gemeinsamen Zu-

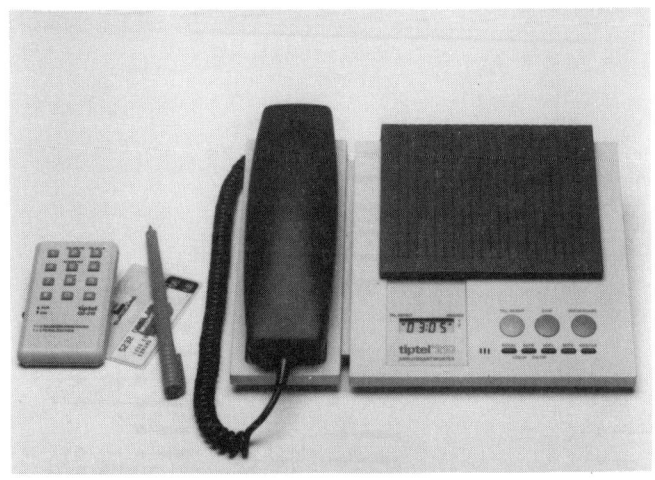

Bild 7. Ein neueres zugelassenes Telefon mit integriertem Anrufbeantworter.

lassungsbedingungen bleibt aber genügend Raum für die jeweils gültigen nationalen Besonderheiten. Von der Idealsituation „einmal zugelassen (in einem EG-Land) — überall zugelassen" sind wir wohl noch weit entfernt ...

Abschließend noch eine Übersicht verschiedener Normen (Bild 8). Eine weitverbreitete Norm für Telekommunikationseinheiten stellt das in den USA gebräuchliche Western-Modular-System dar. Der 4-polige WM-Stecker ist an Fernsprechapparaten, die 6-polige Ausführung an Datenendgeräten wie Telefaxgeräten, Modems und Anrufbeantwortern zu finden. Die 4-poligen Westernanschlüsse werden an TAE 6F, die 6-poligen an TAE 6N angeschlossen.

Das Anschlußsystem ADO ist nur in Nebenstellenanlagen zu finden. Man unterscheidet zwischen 4-poligen Anschlüssen ADO 4 für Telefone und 8-poligen ADO 8 für Zusatzgeräte.

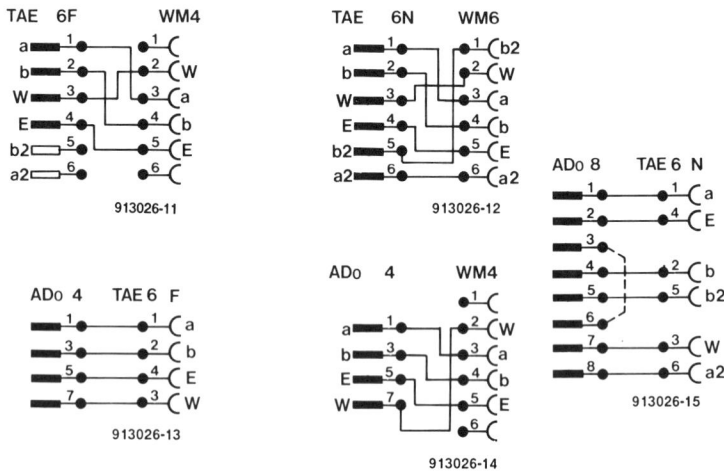

Bild 8. Verfügbare Anschlußdosen für Aufputzmontage.

Die Leitungen in den drei Systemen TAE, WM und ADO haben die gleiche Funktion, aber teilweise unterschiedliche Farbgebung und Numerierung (Tabelle 2).

Tabelle 2. Steckerbelegung der verschiedenen Normen.

Leitung	Abk	TAE	WM8	ADO4	ADO8
Amtsleitung a	a	1	3	1	1
Amtsleitung b	b	2	4	3	4
2. Wecker	W	3	2	7	7
Erdtaste	E	4	5	5	2
geschaltete Amtsleitung b	b2	5	1	-	5
geschaltete Amtsleitung a	a2	6	6	-	8

3. Klingelingeling

Man stelle sich vor: Das Telefon klingelt und keiner hebt ab. Für den Anrufenden kann das — wenn es häufiger passiert — ungeahnte Reaktionen auslösen, zumal wenn er weiß, daß der Angerufene „doch da sein muß". Nun geschieht das Ignorieren des klingelnden Telefons in den seltesten Fällen bewußt, sondern hat meist verschiedene, ungewollte Ursachen: der Geräuschpegel ist zu hoch, man ist gerade mal nicht im Raum .... Nun, mit den hier beschriebenen Schaltungen klingelt zukünftig kein Telefon mehr vergebens — wenn es denn der Angerufene so will.

3.1 Telefonmelder

In einem Großraumbüro klappern die Schreibmaschinen. Mehrere Kolleginnen und Kollegen sind an einem Schreibtisch zu einer Besprechung zusammen. Plötzlich klingelt ein Telefon, aber welches? Die Frage ist bei einem hohen Geräuschpegel in einem Großraumbüro nicht leicht zu beantworten. Also verlassen einige die Besprechung, eilen zu ihren Telefonen und stellen fest, daß es doch irgendwo anders war. Das Rätselraten muß nicht sein. Der Telefonmelder erzeugt, angeregt vom normalen Rufton, ein zusätzliches Signal, dessen Tonhöhe und

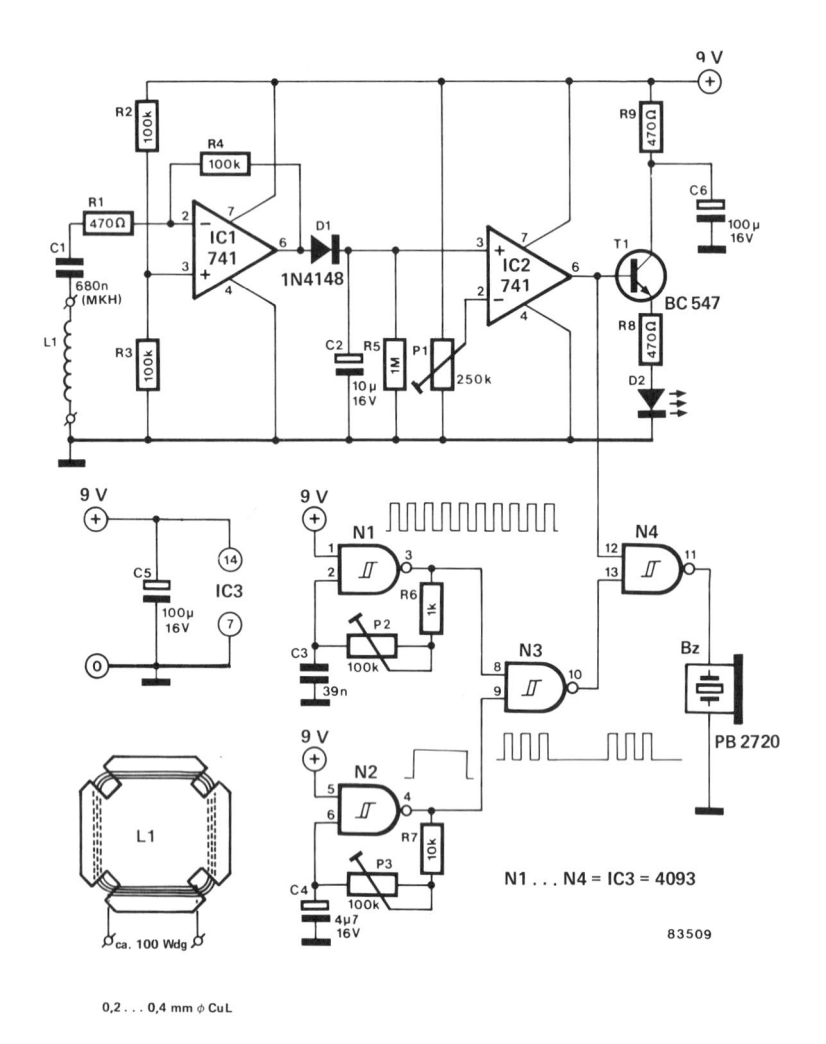

Intervalldauer einstellbar ist. Damit ist es ein leichtes festzustellen, ob der eigene oder ein anderer Apparat klingelt.

Die Schaltung ist recht unkompliziert. Die Adapterspule L1 nimmt den Rufton induktiv auf. Das Signal wird von IC1 verstärkt und von der Diode D1 glcichgerichtet. Ist der Signalpegel höher als die mit P1 eingestellte Triggerschwelle, schaltet der Komparator IC2 um und legt Pin 12 von Gatter N4 auf logisch 1. Gatter N4 ist somit eingeschaltet und läßt den individuellen Rufton zum Piezo-Summer durch. D2 dient zusätzlich als optische „Ruf"anzeige.

Den Zusatzrufton erzeugen die Gatter N1 und N2. Beide arbeiten als astabile Multivibratoren. Für die Tonhöhe ist Gatter N1 zuständig; die Einstellung erfolgt mit dem Trimmpoti P2. Die Ruftonintervalle steuerte Gatter N2 abhängig von der mit P3 eingestellten Frequenz.

Der Piezo-Summer (Toko) ist bei einer Resonanzfrequenz von etwa 4,6 kHz am lautesten; dies hängt von der Einstellung des Trimmpotis P2 ab. Das Gehäuse dient dem Telefon als Konsole und sollte deshalb so groß sein, damit das Telefon auf ihr einen sicheren Stand hat.

Die Spule L1 befindet sich an der Gehäuseoberseite. Im Bild ist auch die Form und die Wicklungsart der Spule zu sehen. Als Spulen„kern" genügt ein stabiler Karton mit einer Kantenlänge von je 10 cm. Die Drahtstärke der Spule ist unkritisch.

3.2 Telefon-Lichtklingel

Die Lichtklingel macht es möglich, die Telefonklingel ganz leise zu stellen beziehungsweise abzuschalten und trotzdem ankommende Telefonate entgegenzunehmen. Sicherlich eine feine Sache, dort, wo nach anstrengendem Nachtdienst tagsüber der Schläfer in seiner verdienten Ruhe gestört würde. Außerdem ist es für die Lichtklingel kein Problem, Rufzeichen in andere Räume oder in den Garten zu übertragen.

Betrachten wir die Schaltung in Bild 1 ganz systematisch von oben nach unten. Die Spule L1 nimmt beim Klingeln das vom Relais im Telefon erzeugte Magnetfeld auf und setzt es in eine elektrische Spannung um. Der mit P1 und C1 aufgebaute Spannungsteiler formt daraus einen Impuls für den nachgeschalteten Opamp IC1. Solange kein Rufzeichen ankommt, liegen beide Opamp-Eingänge auf demselben Gleichspannungspegel. Mit dem eingehenden Rufzeichen gelangt zum invertierenden Eingang von IC1 ein Spannungsimpuls. Da der Opamp IC1 mit seiner Leerlaufverstärkung arbeitet, genügen bereits geringe Eingangsimpulse, um den Ausgang (Pin 6) für einen kurzen Augenblick auf fast null Volt oder Betriebsspannung zu schalten. Die dabei auftretende negative Impulsflanke triggert über C8 die erste Hälfte von IC2.

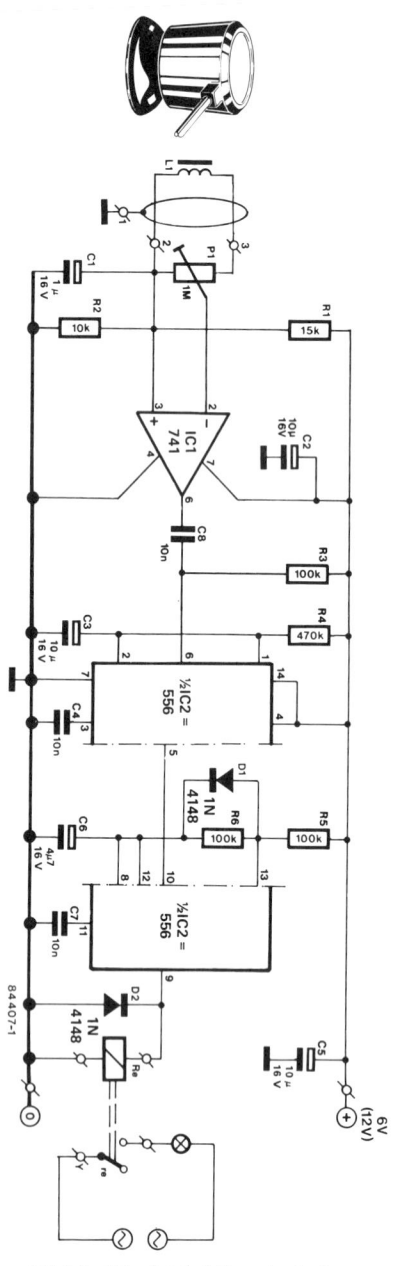

Bild 1. Die Lichtklingelschaltung ist recht unkompliziert.

Das halbe IC2 gehört zu dem IC 556, das bekanntlich zwei unabhängige Timer des Typs 555 enthält. Der erste Timer in IC2 arbeitet als monostabiler Multivibrator, dessen Ausgang in Ruhe auf null Volt liegt. Der erste Triggerimpuls an Pin 6 aktiviert den Timerausgang Pin 5. Solange dort eine positive Spannung ansteht, bleiben zwischenzeitlich eintreffende Triggerimpulse ohne Bedeutung. Erst wenn der Ausgang in seine Ruhestellung zurückgekehrt ist, kann der nächste Triggerimpuls den Multivibrator erneut starten. Der Ausgangsimpuls des MMV's hat die Dauer von etwa 5 s; hierfür verantwortlich sind R4 und C3.

Die zweite Hälfte von IC2 ist als astabiler Multivibrator geschaltet, der allerdings nur dann eine Rechteckimpulsfolge erzeugt, wenn der Reseteingang (Pin 10) auf etwa Betriebsspannung liegt. Das ist der Fall, solange der Ausgang des ersten Timers aktiviert ist. Während dieser Zeit erzeugt der AMV Ausgangsimpulse, deren Folgefrequenz von R5, R6 und C6 abhängt. Am Ausgang des zweiten Timers (Pin 9) schalten die Rechteckimpulse das dort angeschlossene Relais ein und aus. Da der Impulszyklus etwas weniger als eine Sekunde ist, geschieht dies etwa fünfmal. In diesem Rhythmus wird auch die mit dem Relaiskontakt verbundene Lampe ein- und ausgeschaltet.

Die Ruhestromaufnahme der Schaltung beträgt ohne Relais bei einer Betriebsspannung von 6 V etwa 10 mA. Bei der Relaisauswahl sind folgende Kriterien zu beachten: Betriebsspannung und Leistung der angeschlossenen Lampe. Auf der Platine in Bild 2 ist für das Relais allerdings kein Platz.

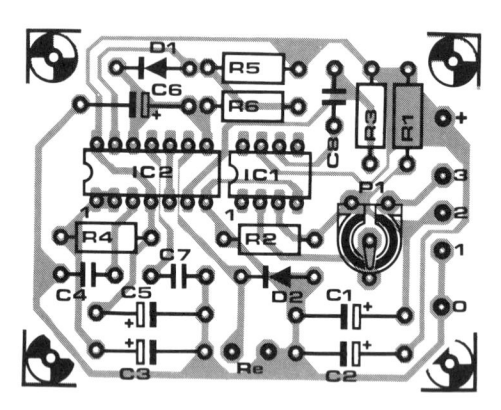

Bild 2. Das Relais hat auf der Platine keinen Platz. Das Layout ist im Anhang abgedruckt.

Stückliste

Widerstände:
R1 = 15 k
R2 = 10 k
R3, R5, R6 = 100 k
R4 = 470 k
P1 = 1-M-Trimmpoti

Kondensatoren:
C1 = 1 µ/16 V
C2,C3,C5 = 10 µ/16 V
C4, C7, C8 = 10n

C6 = 4µ7/16 V

Halbleiter:
D1, D2 = 1N4148
IC1 = 741
IC2 = 556

außerdem:
L1 = Telefon-Saugadapterspule
Re = Relais (siehe Text)

3.3 Telefonklingel

A. G. Hobbs

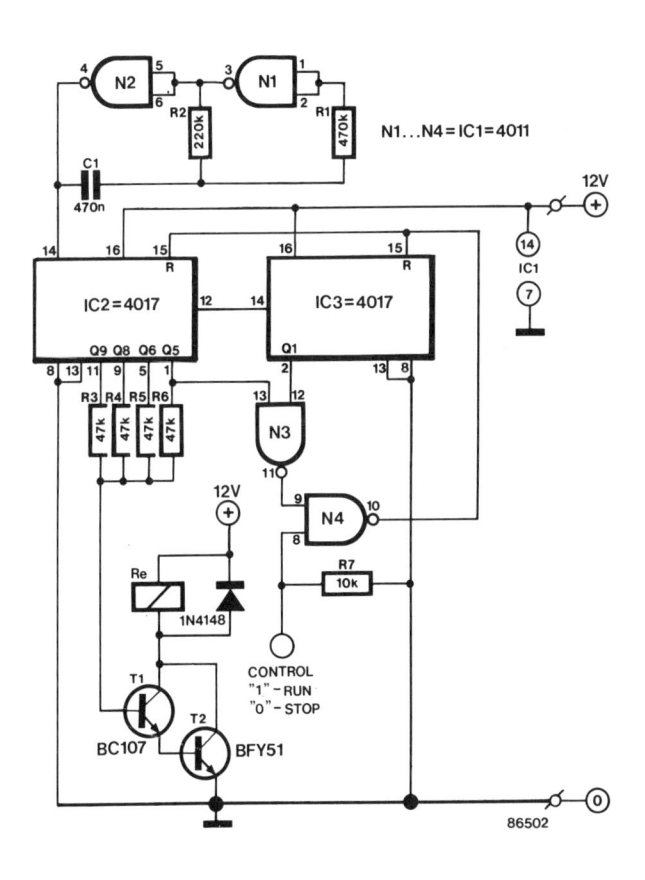

Diese Schaltung erzeugt ein Telefonklingel-Signal, das man beispielsweise in Haustelefonanlagen verwenden kann. Das

Signal setzt sich folgendermaßen zusammen: 400 ms ein, 200 ms aus, 400 ms ein, 2 s aus.

Die Schaltung ist sehr einfach aufgebaut. N1 und N2 bilden einen Oszillator, der ein Signal mit einer Frequenz von 5 Hz liefert. Die Periodendauer ist also 200 ms. Das Oszillatorsignal gelangt an zwei Dezimalzähler. Diese Zähler sind mit N3 und N4 so geschaltet, daß die Frequenz des Eingangssignals durch 15 geteilt wird. Über den zweiten Eingang von N4 kann man den Zähler ein- und ausschalten. Falls dieser Eingang nicht verwendet wird, wird der Anschluß 8 mit Anschluß 9 verbunden.

Die Widerstände R3 bis R6 sind mit den Ausgängen 5, 6, 8 und 9 von IC2 verbunden. Insgesamt ergibt sich ein ODER-Gatter, das über T1/T2 ein Relais steuert. Zunächst werden die Ausgänge 5 und 6 „high" (2 · 200 ms = 400 ms), anschließend fällt das Relais 200 ms lang ab, und danach zieht das Relais 400 ms lang an (Ausgang 8 und Ausgang 9) Schließlich bleibt das Relais 10 Perioden lang (2 s) ausgeschaltet. Danach wiederholt sich der Zyklus.

3.4 Telefon-Zweitklingel

Die Gartenparty ist in vollem Gange. Bei dem fröhlichen Lärm wird man sicherlich nur schwer ausmachen können, ob das Telefon klingelt, oder ob etwa ein Gast noch vor der Tür steht und klingelt, um eingelassen zu werden. Mit der Telefon-Zweitklingel werden solche Rufsignale dorthin übertragen, wo man sich gerade aufhält.

Das Prinzip ist bekannt: Man nimmt eine FM-Wechselsprechanlage, die das Netz als Übertragungskanal verwendet. Ein äußerst universell einsetzbares Verfahren für Haus, Hof und Garten, da die Station jeweils dort aufgestellt werden kann, wo eine Steckdose vorhanden ist. Wir verzichten bei der Telefon-Zweitklingel auf die Möglichkeit zu sprechen und lassen den

Empfänger lediglich „anzeigen", daß der Sender ein bestimmtes Signal „entdeckt" hat. Dieses Signal kann von der Telefon-Klingel stammen oder ein anderes Geräusch sein.

Blockschema

Empfänger und Sender der Telefon-Zweitklingel stellen wir zunächst einmal im Blockschema vor. Bild 1 zeigt, worauf's ankommt: Das „Geräusch" wird verstärkt, gleichgerichtet; und ein Komparator formt ein Schaltsignal für den nachfolgenden Rechteckgenerator (AMV).

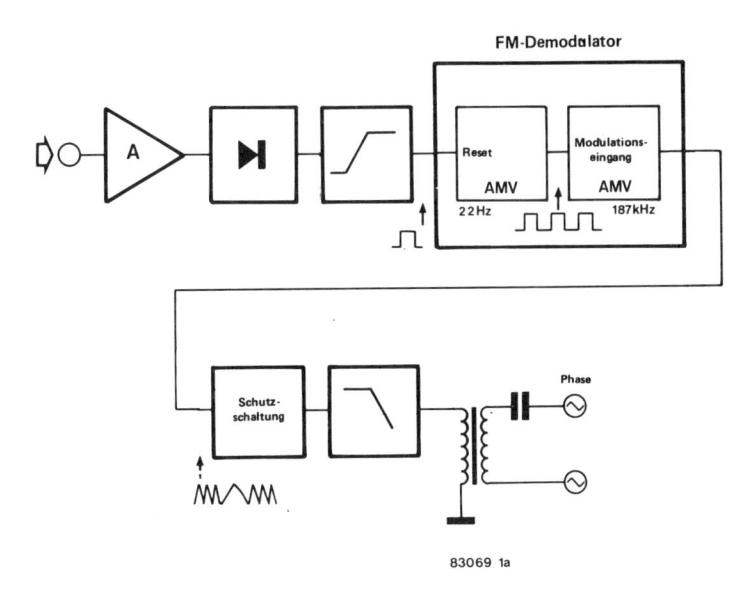

Bild 1a. Der Sender besteht aus einem „Klingel-Verstärker" mit Gleichrichter und Komparator und einem FM-Modulator.

Dieses Signal schaltet den Generator ein und aus, so daß immer dann, wenn ein Geräusch aufgenommen wird, ein niederfrequentes Rechtecksignal zum Modulations-Eingang des zweiten Generators gelangt. Dieser Generator schwingt auf einer wesentlich höheren Frequenz als der erste und wird vom niederfrequenten Eingangssignal frequenzmoduliert. Am Ausgang des Modulators erscheint also ein FM-Signal, das anschließend ein Tiefpaßfilter durchläuft. Auf diesem Weg wird das Signal weitgehend von störenden Oberwellen „gereinigt", so daß man es schließlich mit einem Überträger an das Netz koppeln kann.

Der Empfänger (Bild 1b) sieht noch einfacher aus. Mit einem Übertrager wird das „Telesignal" vom Netz abgenommen. Ein Diodenbegrenzer sorgt dafür, daß eventuell vorhandene Störspannungsspitzen die folgende Schaltung nicht schädigen können. Das empfangene Signal gelangt auf den ersten Tondekoder, ein PLL-IC mit „Digital-Ausgang". Wird der hochfrequente Träger von diesem IC „erkannt", dann leuchtet die angeschlossene LED. Außerdem funktioniert dieses IC als FM-Demodulator. Am „Analog-Ausgang" liegt das niederfrequente Signal, das vom zweiten Tondekoder „erkannt" wird. Dieses IC, vom gleichen Typ wie das erste, quittiert den Empfang dadurch, daß die LED leuchtet und der Gleichstromsummer ertönt.

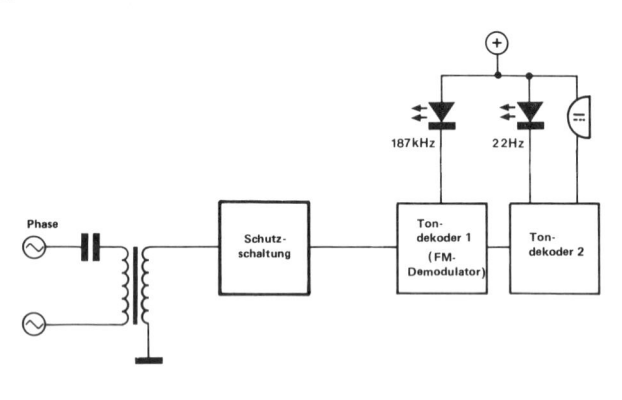

Bild 1b. Der Empfänger ist noch einfacher aufgebaut: Er besteht im wesentlichen aus zwei Tondekodern: Einer arbeitet als FM-Demodulator und der andere als Tondekoder für das 22-Hz-Signal.

Schaltung

Verstärker, Gleichrichter und Komparator befinden sich rechts in Bild 2. Das Klingelsignal wird von einer Telefon-Adapterspule „aufgepickt". Es kann auch ein billiges dynamisches oder magnetisches Mikrofon sein. Eine Spule reagiert allerdings nicht auf Umweltgeräusche und ist deshalb besser geeignet. Die Komparatorschwelle läßt sich mit P1 einstellen. Am Ausgang von IC4 liegt das Schaltsignal für IC1. An diese Stelle kann man auch ein Rechtecksignal anlegen, so daß sich ein an den Empfänger angeschlossenes Gerät fernsteuern läßt (IC4 entfernen!).

Die beiden Timer-ICs arbeiten hier zusammen als FM-Modulator. Dazu sind beide als astabile Multivibratoren geschaltet.

Die Trigger-Pegel der beiden internen Komparatoren eines 555 sind auf $U_B/3$ und $2 \cdot U_B/3$ eingestellt. Je nach anliegender Spannung wird der Kondensator C10 (C12 bei IC1) über R4 (R7 bei IC1) entladen beziehungsweise über R4 + R5 (R6 + R7 bei IC1) aufgeladen. Die Vorgänge wiederholen sich periodisch, so daß IC2 mit etwa 178 kHz und IC1 mit etwa 22 Hz schwingen. IC1 schwingt nur dann, wenn der Reset-Eingang (Pin 4) „1" ist.

Legt man an Pin 5 des 555 eine Spannung, dann werden die Trigger-Pegel in gewissen Grenzen verschoben. Bei nicht zu großem Spannungshub ergibt sich eine Frequenzmodulation mit relativ guter Linearität. Da beim Ein- und Ausschalten von IC1 außer der gewünschten auch zahlreiche andere Frequenzen auftreten, werden die „Störenfriede" mit dem Filter R3/C9 ausgesiebt.

Die Schaltung mit den Dioden D6 und D7 sorgt dafür, daß Störspannungen vom Netz nicht in den Ausgang des Ti-

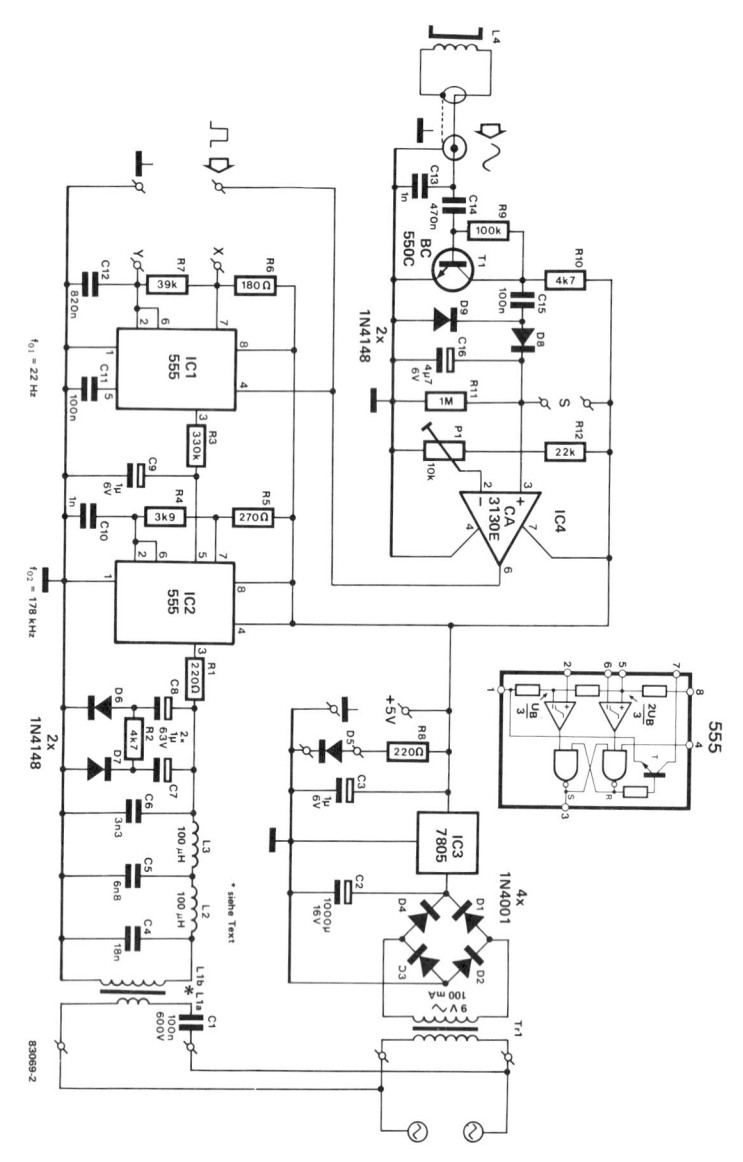

Bild 2. Der Sender im Detail. Auch hier nichts Besonderes, wenn auch den einen oder anderen überraschen mag, daß man den bekannten Timer 555 so einfach als Modulator (VCO) verwenden kann. Spule L4 kann man auch durch ein dynamisches oder magnetisches Mikrofon ersetzen.

mers IC2 gelangen können. Das Filter mit L2/L3/C5 „reinigt" das FM-Signal von Oberwellen, so daß schließlich auf der Primärseite des mit L1 aufgebauten Übertragers ein „sauberes" Signal in das Netz eingespeist werden kann. Die Sekundärseite des Übertragers ist einerseits über C1 mit der Phase und andererseits direkt mit dem Nulleiter des Netzes verbunden.

Das Netzteil für den Sender ist mit einem integrierten 5-V-Spannungsregler aufgebaut. Der Netztrafo muß auf der Sekundärseite eine Spannung von 9 V bei einem maximalen Strom von 100 mA liefern können. Das gleiche Netzteil wird auch im Empfänger eingesetzt (siehe Bild 3). Die Primärseite des Übertrages im Empfänger (gleich aufgebaut wie im Sender) nimmt über C1 das FM-Signal auf. Auf der Sekundärseite befindet sich eine Dioden-Schaltung, die die Dekoder-Schaltung vor Störspannungsspitzen aus dem Netz schützt. Über C3 gelangt das FM-Signal an den ersten Tondekoder IC2.

Neben der PLL-Schaltung enthält der LM 567 einen 90°-Phasendetektor (besser 90°-Phasenschieber und Multiplizierer), ein Ausgangsfilter (mit C8) und einen Komparator. Ist der PLL auf ein Signal an Pin 3 „eingerastet", dann liegen an den Eingängen des 90°-Phasendetektors zwei Signale, die in Phase sind. Am Ausgang des Detektors erscheint ein Gleichspannungssignal. Wechselspannungsanteile werden ausgefiltert. Der Komparator vergleicht dieses Signal mit einer intern eingestellten „Schwelle" und schaltet seinen Ausgang auf „low". Die LED D7 leuchtet als Zeichen dafür, daß IC2 den 178-kHz-Träger „entdeckt" hat.

IC2 funktioniert auch als FM-Demodulator. Mit P1, R2 und C6 läßt sich die Mittenfrequenz des internen Oszillators zwischen 106 und 213 kHz einstellen. C7 bildet mit dem internen Widerstand das Schleifenfilter. Das FM-Signal an Pin 3 wird, wie in einem PLL üblich, vom Phasendetektor mit dem Oszillatorsignal verglichen. Das resultierende Fehlersignal am Phasendetektor-Ausgang (Pin 2) stimmt den Oszil-

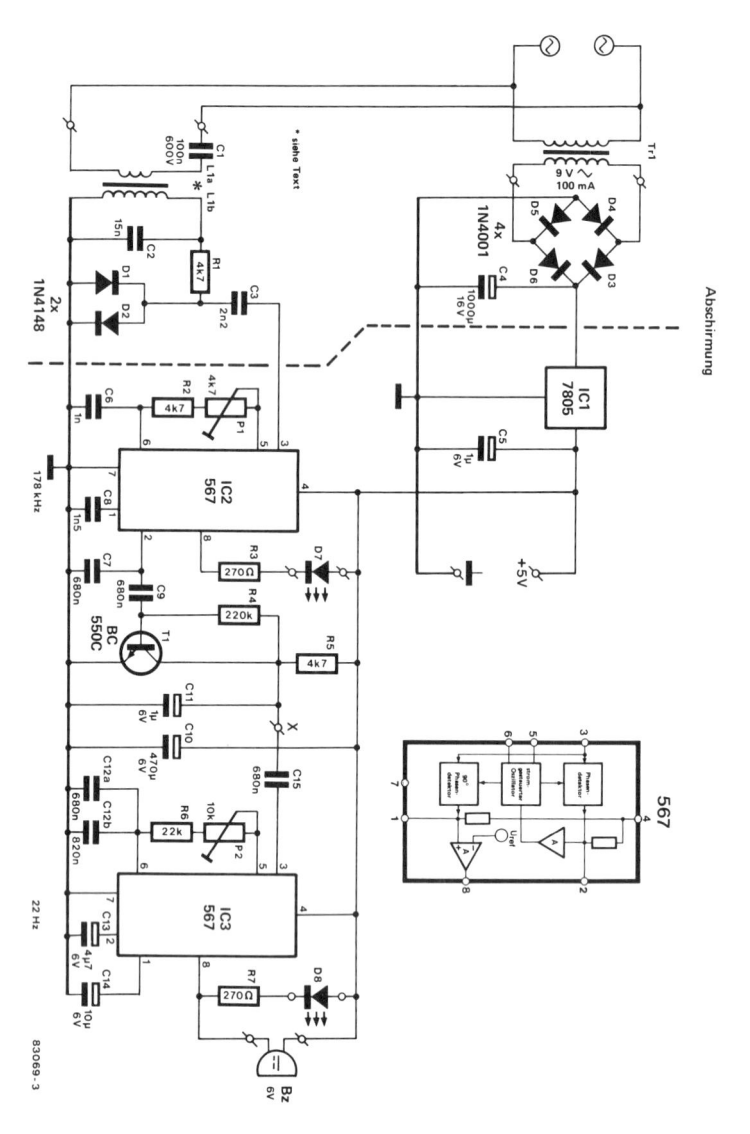

Bild 3. Im Empfänger „stecken" zwei Tondekoder-ICs vom Typ 567. Der eine wirkt gleichzeitig als FM-Demodulator, der andere detektiert das „Rufsignal" und schaltet die LED und den Gleichstromsummer ein.

lator so lange nach, bis der Phasenfehler abgebaut ist. Nach einiger Zeit schwingt der Oszillator auf derselben Frequenz wie das Eingangssignal, und der Phasenfehler stellt sich auf einen neuen Wert ein. Da der Oszillator nun aber auf einer Frequenz schwingt, die höher als die des Eingangssignals liegt, wird sich das Fehlersignal auf einen neuen Wert einstellen. Ist das Eingangssignal des PLL ein FM-Signal, dann liegt am Ausgangsfilter das demodulierte Signal. Der Unterschied zu der Oszillator-„Frequenz" ist also ein Signal mit der Frequenz 22 Hz.

Dieses Signal wird von der Stufe mit T1 verstärkt und gelangt auf den zweiten Tondekoder IC3. Dieses IC arbeitet nur als Tondekoder. Wird nämlich die 22-Hz-Schwingung „entdeckt", dann schaltet der „Digital-Ausgang" (Pin 8) LED D8 und den Gleichstromsummer Bz ein.

Aufbau und Abgleich...

...ist mit den beiden von uns entworfenen Platinen kein Problem! Der Sender wird auf der Platine 1 (Bild 4) und der Empfänger wird auf der Platine 2 (Bild 5) aufgebaut. Da hier keine „exotischen" Bauelemente eingesetzt werden, bedarf der Aufbau keiner besonderen Erläuterung. Nur so viel: Die Kondensatoren C1 müssen unbedingt die angegebene Spannungsfestigkeit haben! Auf der Empfänger-Platine wird entlang der gestrichelten Linie eine Abschirmung aus dünnem Blech an den dafür vorgesehenen Lötstützpunkten befestigt.

Der Übertrager besteht aus einer handelsüblichen Ringkern-Entstördrossel (wird normalerweise in TRIAC-Schaltungen verwendet), auf die zusätzlich 10 Windungen isolierte (!) Litze gleichmäßig über den Umfang gewickelt werden. Die zusätzliche Wicklung liegt jeweils am Netz! Ist der Aufbau beendet, dann stellt man zunächst alle Trimmpotis in Mittelposition. Die LEDs, der Summer und die Trafos werden provisorisch angeschlossen. Bevor aber nun die Übertrager ans Netz

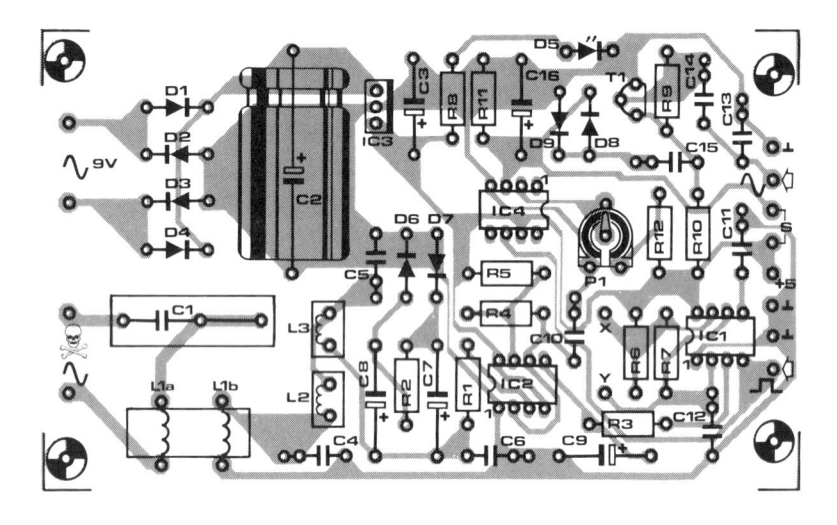

*Bild 4. Bestückungsaufdruck für die Sender-Platine (Layout im Anhang).
Der Übertrager besteht aus einer handelsüblichen Entstördrossel, die man
— gleichmäßig über den Umfang verteilt — mit 10 Windungen isolierter Litze bewickelt. Die zusätzliche Wicklung liegt am Netz! Die Anschlußpunkte
X, Y und S sind für eventuelle Erweiterungen vorgesehen. Vorsicht beim
Anschluß des Gerätes ans Netz!*

gelegt werden, bitte erst die folgende Abgleich-Anweisung lesen und ausführen. Zunächst den Netztrafo des Senders anschließen und die Betriebsspannungen kontrollieren. An den Ausgang von IC4 ein Voltmeter oder ein Oszilloskop anschließen. Die Telefon-Adapterspule anbringen und mit P1 Maximalausschlag des Voltmeters einstellen, wenn das Telefon läutet. Zeigt sich kein nennenswerter Ausschlag, dann sitzt die Spule am falschen Platz. Mit einem Oszilloskop über C13 kann man den Vorverstärker optimal abgleichen: Die Spule wird so angebracht, daß auf dem Bildschirm eine Spannung mit maximaler Amplitude zu sehen ist.

Stückliste Sender

Widerstände:
R1, R8 = 220 Ω
R2, R10 = 4k7
R3 = 330 k
R4 = 3k9
R5 = 270 Ω
R6 = 180 Ω
R7 = 39 k
R9 = 100 k
R11 = 1M
R12 = 22 k
P1 = 10-k-Trimmpoti

Kondensatoren:
C1 = 100 n/600 V (!)
C2 = 1000 µ/16 V
C3, C9 = 1 µ/6V
C4 = 18n
C5 = 6n8
C6 = 3n3
C7, C8 = 1 µ/63 V
C10, C13 = 1 n
C11, C15 = 100 n
C12 = 820 n
C14 = 470 n
C16 = 4µ7/6 V

Halbleiter:
D1 ... D4 = 1N4001
D5 = LED
D6 ... D9 = 1N4148
T1 = BC550C
IC1, IC2 = 555
IC3 = 7805
IC4 = CA 3130 E

außerdem:
L1a, L1b = 10 Wdg.
  isolierte Litze auf eine
  40-µH-Ringkern-Entstördrossel
L2, L3 = 100 µH
L4 = Telefonadapterspule
  mit Saugnapf
Tr1 = Netztrafo 9 V/100 mA sek.
Kunststoffgehäuse

Nun schließt man den Sender-Übertrager ebenfalls ans Netz an und legt Punkt S an +5 V, so daß der FM-Modulator ständig eingeschaltet ist. Auch der Empfänger wird ans Netz gelegt, zuerst der Netztrafo (Betriebsspannung messen!) und anschließend der Übertrager. P1 stellt man nun so ein, daß die LED D7 hell leuchtet. Zwar leuchtet diese LED normalerweise schon, es muß aber eine Einstellung von P1 gesucht werden, bei der die LED doppelt so hell wie normal leuchtet! Diese richtige Einstellung läßt sich in einem gewissen Bereich durchführen. In der Mitte des Bereiches steht der Schleifer von P1 richtig. Anschließend wird auf die gleiche Weise die LED D8 mit P2

„eingestellt". Ein letzter Test mit einem Signal von der Telefon-Klingel gibt Aufschluß darüber, ob die gesamte Anlage zufriedenstellend funktioniert.

Reicht der relativ „mickrige" Piepser vom Gleichstromsummer als Rufsignal nicht aus, dann kann man stattdessen ein Relais (mit Schutzdiode!) einsetzen und damit eine Glühlampe, eine Sirene oder einen anderen optischen oder akustischen Warner schalten. Der Tondekoder kann bis zu 100 mA an den Ausgang liefern.

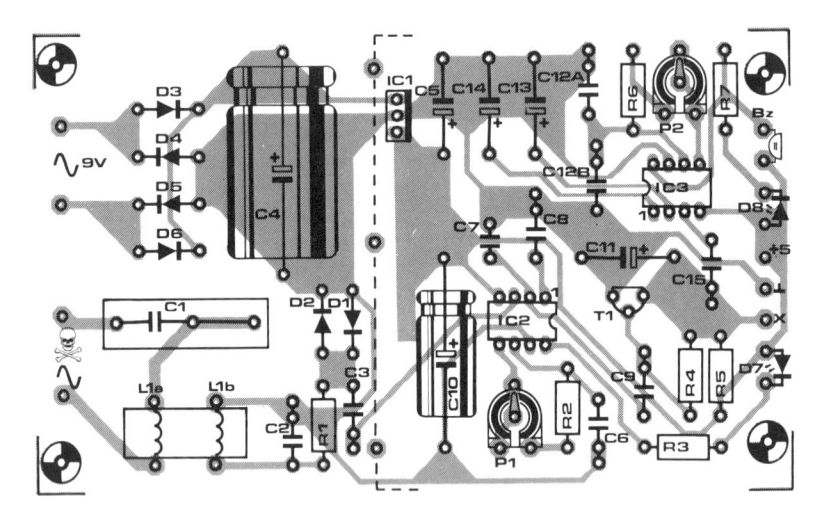

Bild 5. Bestückungsplan für die Empfänger-Platine (Layout im Anhang). Der Übertrager wird genauso modifiziert wie für den Sender. Auch hier liegt die zusätzliche Wicklung am Netz! Anschlußpunkt X ist für eine eventuelle Erweiterung vorgesehen. Vorsicht beim Anschluß des Gerätes ans Netz!

Stückliste Empfänger

Widerstände:
R1, R2, R5 = 4k7
R3, R7 = 270 Ω
R4 = 220 k
R6 = 22 k
P1 = 5-k-Trimmpoti
P2 = 10-k-Trimmpoti

Kondensatoren:
C1 = 100 n/600 V (!)
C2 = 15 n
C3 = 2n2
C4 = 1000 µ/16V
C5, C11 = 1µ/6V
C6 = 1n
C7 = 680 p
C8 = 1n 5 %
C9, C12a, C15 = 680 n
C10 = 470 µ/6V
C12b = 820 n
C13 = 4µ7/6 V
C14 = 10 µ/6V

Halbleiter:
D1, D2 = 1N4148
D3..D6 = 1N4001
D7, D8 = LED
T1 = BC550C
IC1 = 7805
IC2, IC3 = 567

außerdem:
L1a, L1b = 10 Wdg.
isolierte Litze auf eine
40-µH-Ringkern-Entstördrossel
Tr1 = Netztrafo 9 V/100 mA sek.
Kunststoffgehäuse

3.5 Digitaler Bandpaß

T. Schaerer

Die Telefon-Zweitklingel unterscheidet nicht einwandfrei zwischen Anrufsignal und Wählsignalen. Für Fälle, in denen diese Unterscheidung wichtig ist, hat der Autor eine Schaltung entwickelt.

Die Schaltung besteht im wesentlichen aus der Eingangsstufe mit Filtern (A2...A4), der Triggerstufe A5...A7 und dem digitalen Bandpaß mit IC3. Das Signal am Ausgang der Schaltung ist CMOS-kompatibel und logisch 1 bei einem entdeckten

Anrufsignal. Dieses Signal kann direkt mit dem Sender verbunden werden (Pin 4 von IC1, Bild 2 auf Seite 48). Die Betriebsspannung wird von A1 halbiert und kann von Siebelko C2 abgenommen werden.

Wie funktioniert's? Das stark oberwellenhaltige Signal von der Spule im Saugnapf wird von A2 verstärkt und anschließend durch die Tiefpässe A3 (1. Ordnung, f_0 = 10 Hz) und A4 (2. Ordnung, f_0 = 25 Hz) von den Oberwellen befreit. Am Ausgang von A4 liegen also entweder das 25-Hz-Rufsignal als Sinussignal oder die Impulse von der Wählscheibe mit einer Frequenz von 10 Hz (für die Übertragung der Nummer 0 (= 10 Impulse) braucht die Wählscheibe 1 s). Diese beiden Frequenzen werden nun von der folgenden Schaltung einwandfrei unterschieden.

Die Triggerschaltung mit A5 und A6 bewirkt zunächst einmal, daß am Ausgang von A5 nur dann ein positiver Impuls erscheint, wenn das Eingangssignal seinen positiven Spitzenwert erreicht hat. Sinngemäß gilt für A6, daß am Ausgang nur dann ein negativer Impuls erscheint, wenn das Eingangssignal seinen negativen Spitzenwert erreicht. Opamp A7 arbeitet als Pegel-Adapter und erzeugt ein eindeutiges Steuersignal für IC3, den digitalen Bandpaß.

IC3 enthält zwei retriggerbare Monoflops. Ist die Taktperiode am Eingang des 1. Monoflops MMV1 kleiner als 35 ms (f ≥ 28 Hz), dann bleibt der Ausgang Q auf logisch 0. Erst bei größeren Periodendauern (f < 28 Hz) erzeugt MMV1 Triggerimpulse für das zweite Monoflop MMV2. Ist die Taktperiode der Impulse kleiner als 45 ms (f > 22 Hz), dann bleibt Ausgang Q logisch 1. Kondensator C11 wird über R34 geladen, und der Komparator A8 schaltet seinen Ausgang auf logisch 1, das Steuersignal für den Sender der Telefon-Zweitklingel. Ist die Taktperiode größer als 45 ms (f < 22 Hz), dann liefert MMV2 Impulse, die den Kondensator C11 über T1 und R35 ständig entladen. Dadurch ergibt sich eine Spannung, die unter dem Schwellenwert

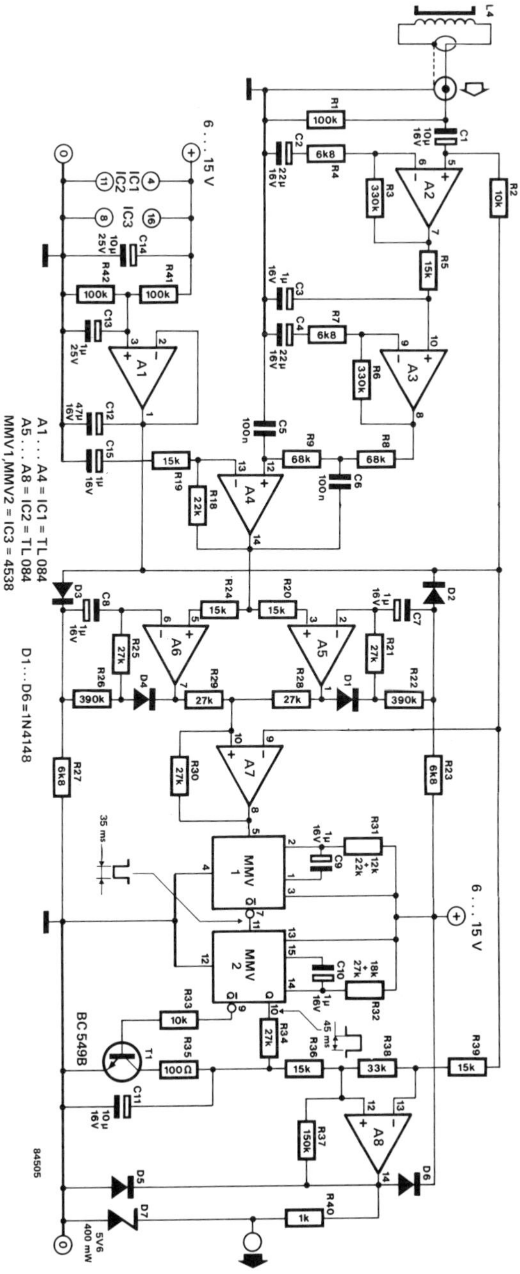
A1 . . . A4 = IC1 = TL 084
A5 . . . A8 = IC2 = TL 084
MMV1,MMV2 = IC3 = 4538
D1 . . . D6 = 1N4148
6 . . . 15 V
BC 549B
84505

des Komparators A8 liegt. Der Ausgang der Schaltung bleibt logisch 0, und die Zweitklingel ist „stumm".

Zugegeben — die Schaltung ist recht aufwendig, doch dafür zuverlässig und störsicher. Der Aufwand für dieses digitale Bandfilter mit einer Bandbreite von 6 Hz (!) lohnt sich also.

Der Autor schlägt noch eine weitere Modifikation vor: R4 = R7 = 15 k, C2 = C4 = 1μ/16 V. Den Widerstand R19 nicht benutzen, stattdessen eine Reihenschaltung von 15 k und 1 μ/16 V vom Minuseingang von A4 (Pin 13) nach Massen schalten. Die bei MMV1 und MMV2 eingezeichneten Rechteckimpulsfolgen haben nun keine Periodendauern von 35 bzw. 45 ms, sondern Impulsdauern von 35 und 45 ms.

3.6 Telefonlampe

In erster Linie wurde diese Schaltung entwickelt, um damit eine Lampe im Rhythmus des Telefonklingels ein- und auszuschalten, beispielsweise für Schwerhörige oder Gehörlose. Die Schaltung ist aber andererseits so einfach aufgebaut, daß auch andere Steuersignale verwendet werden können. Das Relais zieht nämlich an, auch wenn kein Telefonklingeln zu hören ist. Wenn das Gespräch beendet ist oder das Telefonklingeln wegfällt, bleibt das Relais noch ein Weilchen angezogen. Da die Schaltung direkt mit dem Telefonnetz verbunden ist (was ja immer noch nicht statthaft ist) und die Klingelspannung recht hoch ist, haben wir einen Optokoppler eingesetzt. Während des Telefonklingelns oder eines Gesprächs fließt über den Gleichrichter D1 ... D4 ein Strom durch die LED, so daß der Fototransistor im Optokopler leitet. Dadurch entlädt sich C1, N3 schaltet um, T1 wird aufgesteuert und das Relais zieht an. Gleichzeitig wird C2 über D6 durch N1 aufgeladen. Nachdem das Gespräch beendet worden ist oder das Klingelsignal verstummt ist, entlädt C2 sich über R4 und die Lampe leuchtet noch ein paar Sekunden.

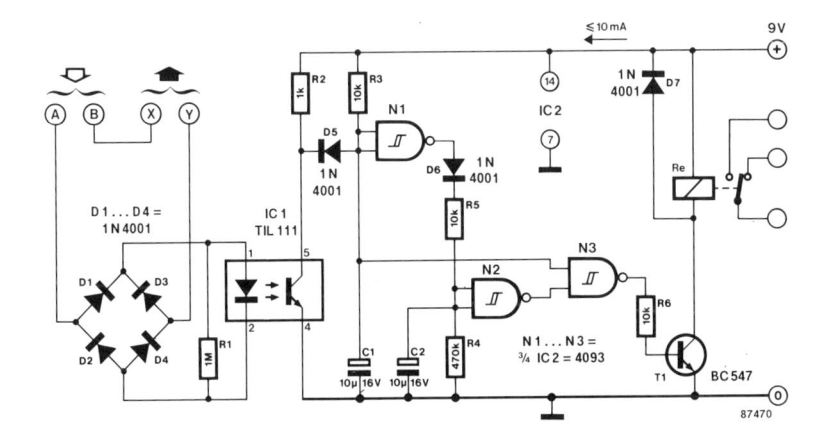

Die Ruhestromaufnahme der Schaltung beträgt nur 10 mA. Die Spulenspannung des eingesetzten Relais muß gleich der Betriebsspannung sein. Noch einmal: Denken Sie bitte daran, daß diese Schaltung nur an eine Haustelefonanlage angeschlossen werden darf!

4. Fernsteuern per Telefon

So mancher glückliche Besitzer eines Ferienhauses mag sich schon die Frage gestellt haben, ob es nicht möglich ist, die Heizung bereits vor der Anreise per Telefon einzuschalten. Natürlich kein Problem! Aber nicht nur Ferienhausbesitzer können sich mit diesem Kapitel durch die Fernsteuerung per Telefon manche Annehmlichkeit verschaffen, auch der „Normalbürger" hat die Möglichkeit, in seiner Wohnung einiges in Gang zu setzen, wenn er noch unterwegs ist. Auf dem Markt werden solche Geräte für kaum weniger als 1000 DM angeboten. Wer nicht ganz soviel ausgeben möchte, den interessiert möglicherweise dieses Selbstbau-Projekt.

4.1 Telefonische Fernsteuerung

B. Wilbers

Welche Anforderungen soll ein Telefonfernschaltgerät erfüllen? Es soll durch einen telefonisch übermittelten Steuerkode einen Schaltvorgang auslösen und auch eine Rückmeldung geben. Dazu muß ein Anruf zunächst einmal automatisch angenommen werden. Und da liegt auch schon das eigentliche

Problem: Wie soll das Gerät auf einen beliebigen Anruf reagieren? Die erste und nächstliegende Lösung wäre ein eingebauter Anrufbeantworter, der das Gerät durch einen Ansagetext zu erkennen gibt und zur Übermittlung eines Steuerton-Kodes auffordert. Das geschieht bei einem gekauften Gerät auch tatsächlich.

Nun geht es ja vielleicht nicht jeden etwas an, daß man in seinem Feriendomizil oder in der eigenen Wohnung bereits auf dem neuesten Stand der Technik ist. Aus diesem Grunde wurde hier die unkonventionelle zweite Lösung gewählt: Das Gerät versteckt sich für nicht Eingeweihte hinter einer Anruffolge-Kodierung.

Die Bedienung ist einfach: Man ruft an, läßt einmal kurz klingeln, legt auf und wählt sofort wieder an. Der zweite Anruf wird dann nach einer Klingelzeit von 60 Sekunden angenommen. Mit einem akustischen Handsender übermittelt man nun einen kurzen Steuerton, der die Heizung (oder irgendein anderes Gerät) einschaltet. Ist dies erfolgreich geschehen, hört man einen Dauerton, der den Schaltzustand „Ein" meldet. Nach einem weiteren Steuerton verstummt er wieder (Schaltzustand „Aus"). Zum Ein- und Ausschalten stehen 20 Sekunden zur Verfügung, danach wird die Verbindung automatisch beendet.

Zusätzlich ist ein Langzeitschalter eingebaut, der die Heizung nach einer bestimmten Zeit selbsttätig wieder abschaltet. Wegen der Anruffolge-Kodierung kann das Gerät sogar in ständiger Betriebsbereitschaft arbeiten, ohne den normalen Telefonverkehr zu blockieren!

Eine Gesamtübersicht der Empfangsseite gibt das Blockschaltbild (Bild 1), in dem man den beschriebenen Funktionsablauf wiedererkennt. Die einzelnen Baugruppen sollen in ihrer Funktion nun anhand des Detail-Schaltplanes näher erläutert werden.

```
                    Telefonleitung
                         ↑
  Telefonleitungs-  →  Steuersignal-
   Ankopplung       ←   Dekodierung
 ┌─────────┬─────────┐       ↓
 │ Anruf-  │ Anruf-  │  Langzeitschalter
 │Erkennung│ Annahme │   mit Reset-      → Schalt-
 └─────────┴─────────┘    Möglichkeit       ausgang
       ↓                      ↓
  Anruffolge-           Tongenerator zur
  Dekodierung           Rückmeldung des
                        Schaltzustandes
```

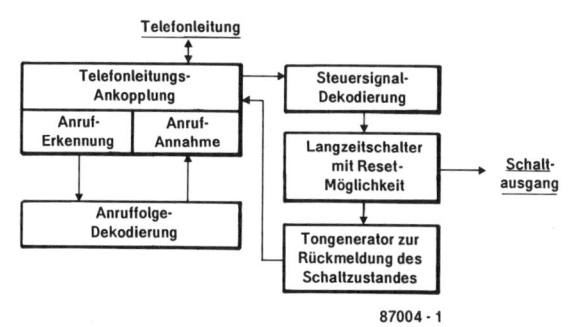

87004 - 1
Bild 1. Im Blockschaltbild erkennt man die einzelnen Funktionsgruppen.

Telefonleitungsankopplung mit Anruf-Erkennung und Anruf-Annahme

Das Fernschaltgerät wird parallel zum Telefon angeschlossen (Bild 2). Re1 ist das Anrufannahme-Relais. Im Ruhezustand sind La und Lb über re1 (Relaiskontakte), C31 und IC12 verbunden. An der Telefonleitung liegt eine Gleichspannung von 60 V an. Über den Kondensator fließt also kein Strom. Sobald die Anruf-Wechselspannung mit etwa 100 V auftritt, fließt ein Wechselstrom, dessen positive Halbwellen den Optokoppler IC12 durchschalten. Bei Anruf-Annahme sind La und Lb über re1 und die Primärseite des 1 : 1-Übertragers Tr2 verbunden. Auf der Sekundärseite liegt dann eine NF-Signalspannung bis 200 mV an. Zu hohe Spannungsspitzen werden durch die beiden Zenerdioden D15/D16 kurzgeschlossen.

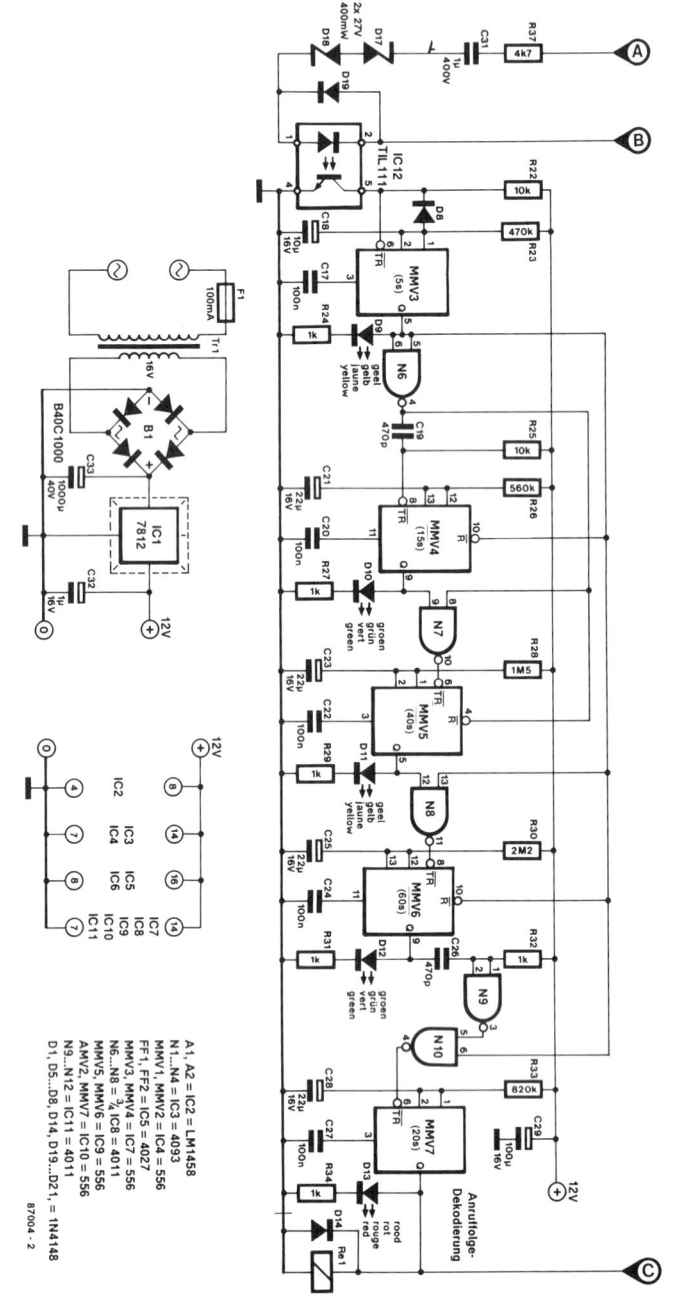

Bild 2. Das Schaltbild des Fernsteuergerätes. Zum Aufbau ...

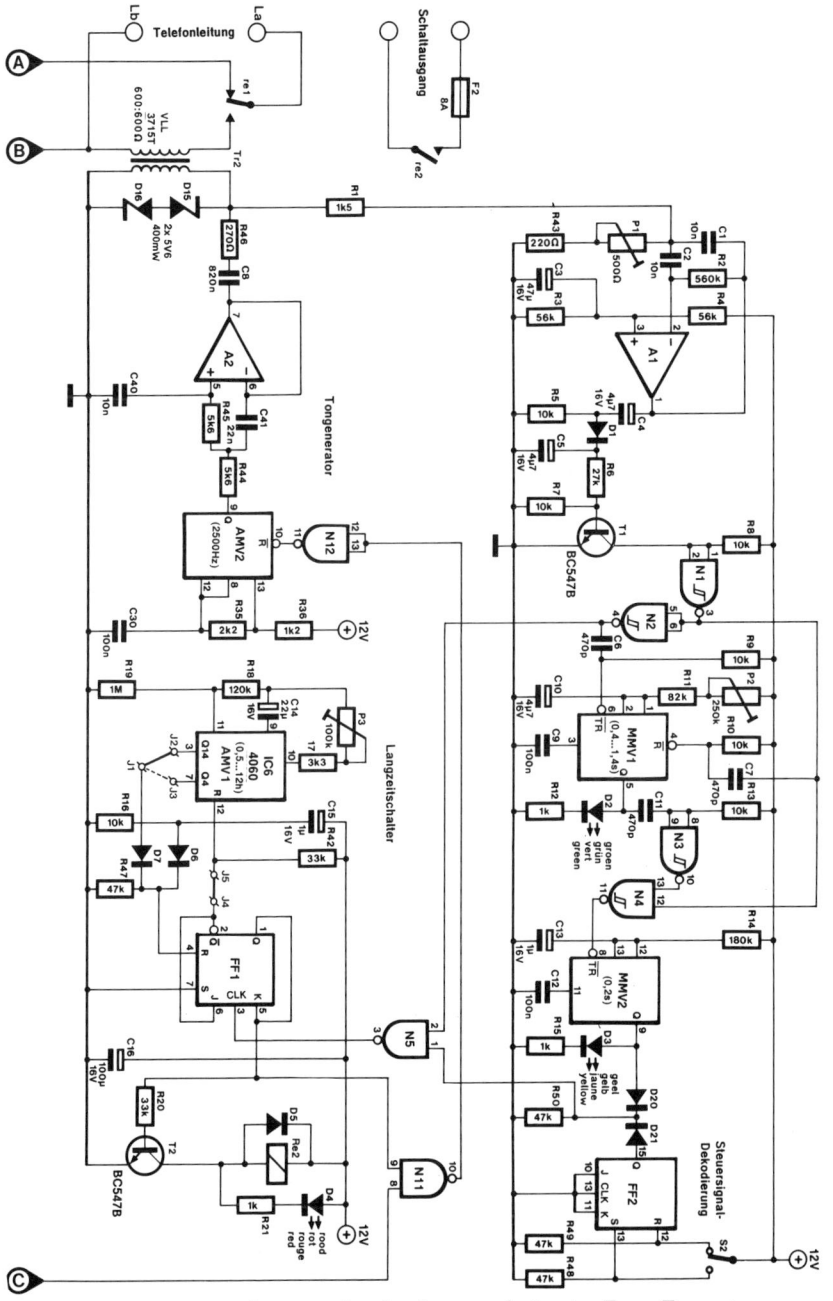

...verwendet man eine Lochrasterplatine im Euro-Format.

Anruffolge-Dekodierung

Sie bildet das Bindeglied zwischen Anruf-Erkennung und Anruf-Annahme. Wichtigste Bestandteile sind fünf monostabile Multivibratoren (MMV3...MMV7), alle aus dem Dual-Timer 556 aufgebaut. Die Zeitkonstanten sind jeweils durch eine RC-Kombination festgelegt. Zur schnellen Zustandsübersicht wurde jedem Monoflop eine LED spendiert. MMV3 ist mit D8 als nachtriggerbarer Monoflop geschaltet. Während eines Klingelsignals erhält der Trigger-Eingang von MMV3 für die Dauer von 1 s kurze „0"-Impulse, Ausgang Q geht also auf „1" und fällt erst 5 s nach dem letzten Impuls wieder auf „0".

Zwischen zwei Klingelpausen liegt eine Pause von 4 s, die also durch MMV3 überbrückt wird. Beim Einschalten von MMV3 gelangt über den Inverter N6 und den Differenzierer C19/R25 ein „0"-Impuls an den Eingang TR von MMV4, so daß am Ausgang 15 s lang „1" liegt. Diese Zeit ist die maximale Dauer des ersten Anrufs der Anruffolge. Wenn es nur ein- oder zweimal klingelt, fällt MMV3 nach weniger als 15 s wieder auf „0". In diesem Fall liegen beide Eingänge von N7 auf „1". Im gleichen Moment wird MMV4 über den Reset-Eingang aber wieder rückgesetzt, so daß am Ausgang von N7 nur ein sehr kurzer „0"-Impuls auftritt, der MMV5 triggert. Fällt MMV3 aber erst nach mehr als 15 s auf „0" (wenn also der erste Anruf zu lange dauert), wird MMV5 nicht getriggert, und die Ausgangssituation ist wieder erreicht.

MMV5 bestimmt mit 40 s die maximale Wartezeit bis zum Eintreffen des zweiten Anrufs, genug, um auch eine lange Rufnummer in Ruhe wählen zu können. Wenn MMV5 auf „1" ist und ein neuer Anruf kommt, liegen beide Eingänge von N8 auf „1". MMV5 wird dabei rückgesetzt, so daß wieder ein kurzer „0"-Impuls am Ausgang von N8 entsteht, der MMV6 triggert. Dieser Monoflop bestimmt mit 60 s nun die Zeit bis zur

Annahme des Anrufs. Während der Klingelzeit liegt „1"-Signal am Eingang Pin 6 von N10. Nach 60 s fällt MMV6 ab, dabei gelangt über C26/R32 und N9 ein „1"-Impuls an den zweiten Eingang Pin 5 von N10. Somit wird MMV7 getriggert und der Anruf für die Zeit von 20 s angenommen. Fällt MMV3 schon vor Ablauf von 60 s auf „0" zurück, wird MMV6 vorzeitig rückgesetzt, ohne daß MMV7 dabei getriggert wird.

Als Anrufer kann man die Klingeldauer leicht verfolgen, indem man die Rufzeichen im Hörer mitzählt. Alle 5 s ertönt ein Rufzeichen, immer dann, wenn es auf der Empfangsseite klingelt. Demnach wird der zweite Anruf also nach 12 oder 13 Rufzeichen angenommen.

Steuersignal-Dekodierung

Ein eintreffendes Tonsignal von etwa 50...100 mV wird im Empfänger zuerst durch ein selektives Filter mit A1 geschickt. Das Filter ist mit P1 im Bereich von 900...1450 Hz abstimmbar. Es folgt eine Gleichrichterstufe mit nachgeschalteter Gleichspannungsverstärkung (T1), dann kommt N1 als Schmitt-Trigger. Sein Ausgang liegt auf „1", solange ein Ton mit der passenden Frequenz und genügender Lautstärke empfangen wird. Zur Kontrolle der Tondauer dienen MMV1 und MMV2. Beim Beginn des Steuersignals wird MMV1 getriggert, der mit 0,4...1,4 s (einstellbar mit P2) die Mindestdauer des Tones kontrolliert. Ist N1 noch auf „1", während MMV1 abfällt, wird MMV2 über N3 und N4 getriggert. MMV2 bestimmt mit weiteren 0,2 s nun die Höchstdauer bis zum Ende des Steuertones. Ist nämlich MMV2 noch auf „1", während N1 auf „0" fällt, so entsteht am Ausgang von N5 ein kurzes „0"-Signal, das den Langzeitschalter ansteuert. Ein zu kurzer Ton setzt MMV1 vorzeitig zurück, so daß der kurze „1"-Impuls am Ausgang von N3 einen winzigen Moment zu spät kommt, um MMV2 noch über N4 zu triggern. Die notwendige Verzögerung wird durch die etwas ungewöhnliche Beschaltung des Reset-Einganges von MMV1 erzielt.

Zusammen mit der Anruffolge-Kodierung ist die hier gewählte einfache Frequenz/Zeit-Kodierung völlig ausreichend, eine Heizung zuverlässig fernzuschalten.

Langzeitschalter

Nach jedem Steuersignal erhält der CLK-Eingang von FF1 ein kurzes „0"-Signal, das Flipflop schaltet mit aufsteigender Flanke um. Über den nichtinvertierenden Ausgang Q und T2 wird das Relais Re2 mit dem Schaltausgang betätigt. Beim Einschalten der Betriebsspannung wird über C15 die Ausgangsstellung (Einschalt-Reset) von FF1 festgelegt. In diesem Zustand liegt „1" am Reset-Eingang von AMV1 und alle Ausgänge sind „0". Wird FF1 nun eingeschaltet, so startet der Oszillator des 4060 und gibt seine Impulse an den 14stufigen internen Binärzähler. Nach 0,5...12 Stunden, einstellbar mit P3, geht Ausgang Q14 auf „1" und setzt FF1 über D7 zurück. Wird FF1 über den CLK-Eingang abgeschaltet, so geht AMV1 vorzeitig in Ruhestellung zurück. Ein rein bistabiler Betrieb ohne Langzeitschalter ist möglich, wenn man die Drahtbrücke J4/J5 wegläßt. Mit dem Taster S2, der über FF2 entprellt wird, kann man den Schaltzustand von Hand steuern.

Tongenerator

Hier findet schließlich die letzte freie Hälfte eines 556 Verwendung, um einen Ton von 2500 Hz zu erzeugen. Über N11 und N12 wird der Ton jedoch nur während der Annahme eines Anrufs freigegeben, wenn FF1 und damit Re2 eingeschaltet sind. In dem 2000-Hz-Tiefpaß mit A2 werden vorsichtshalber Oberwellen des Rechtecksignals ausgesiebt, da die Telefonleitung keine Frequenzen oberhalb 3000 Hz mitbekommen sollte.

Handsender

Kernstück ist wieder ein 556, dessen eine Hälfte als astabiler Multivibrator AMV3 beschaltet ist (Bild 3). Er erzeugt einen Ton von etwa 1200 Hz (mit P5 justierbar), der über den Koppelkondensator C38 direkt einen 8-Ohm-Miniaturlautsprecher ansteuert. Beim Drücken des Tasters S1 wird MMV8 über C35/R38 getriggert, der Ausgang Q geht auf „1" und gibt über Reset AMV3 frei. Nach einer mit P4 einstellbaren Zeit von 0,5...1,5 s wird AMV3 gestoppt. Der Spannungsregler IC13 sorgt für eine stabile Frequenz und Dauer des Steuersignals, solange die Batteriespannung nicht unter 7,5 V absinkt.

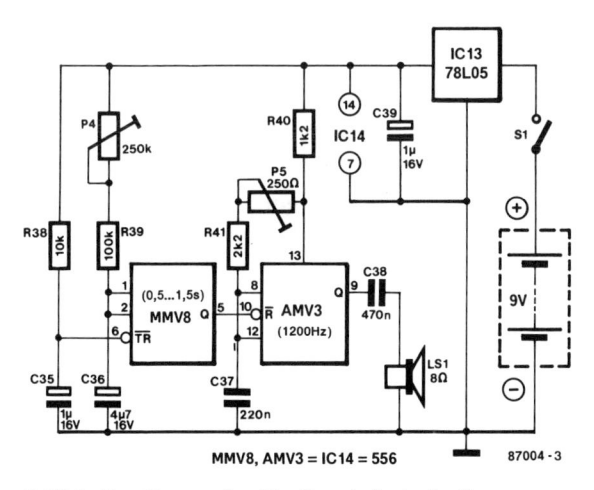

Bild 3. Der Tonsender für die telefonische Fernsteuerung.

Aufbau

Damit sind nun alle Funktionsgruppen durchleuchtet. Das Netzteil erzeugt die Betriebsspannung von 12 V. Obwohl der Stromverbrauch kaum über 200 mA ansteigt, sollte man IC1 ein kleines Kühlblech verpassen. Der Aufbau dürfte eigentlich keine Probleme bereiten. Der Handsender kommt in ein kleines Kunststoffgehäuse, das die Platine, Lautsprecher, Taster und Batterie platzsparend unterbringt. Der Empfänger kann ohne den Netztrafo auf einer Platine im Europa-Format aufgebaut werden. Die Bauteile sind Standard und überall zu haben. Lediglich der 1 : 1-Übertrager könnte Beschaffungsschwierigkeiten bereiten. Ein Übertrager aus einem alten Telefon leistet hier hervorragende Dienste.

Abgleich

Die Funktionskontrolle gestaltet sich dank der vielen eingebauten LEDs sehr einfach. Zum Testen der Anruffolge-Dekodierung lötet man einen Taster parallel zu Pin 4 und 5 von IC12. Ein Tastendruck wirkt dann wie ein Klingelzeichen. Mit einer Stoppuhr läßt sich ausprobieren, ob die fest eingestellten Zeiten auch nicht zu weit von den Vorgaben abweichen. Wegen der verwendeten langzeitstabilen und engtolerierten Tantal-Elkos müßte aber alles richtig laufen. Man kann jetzt testen, wie das Gerät auf verschiedene Anruf-Kombinatinen reagiert.

Nun zum Abgleich der Steuersignal-Kodierung. Dafür wird zuerst der Handsender justiert. P5 bringt man am besten in Mittelstellung (etwa 1200 Hz). Die Tondauer kann mit P4 beliebig gewählt werden (z. B. 1 s). Nun wird der Lautsprecher des Handsenders über einen Widerstand von 4,7 kΩ parallel zur Sekundärwicklung von Tr2 gelegt. Man erzeugt nun einige Steuertöne und stellt P1 so ein, daß D2 bei jedem neuen Ton sicher aufleuchet. Jetzt muß P2 so justiert werden, daß 0,1 s vor Ende des Tones D3 aufleuchtet. Bei einer Tondauer von 1 s wird MMV1 somit auf 0,9 s gebracht. Mit P3 wird der Langzeitschalter auf die gewünchte Zeit gestellt. Dazu kann man I2/I1 trennen und I3/I1 verbinden. Über die Handsteuerung mit S2 startet man den Timer, der Re2 nach 1,5 ... 45 s wieder zurücksetzt. Die gestoppte Zeit multipliziert man mit 1024 und erhält so den Wert, der dann im Normalbetrieb (J2/J1 wieder verbunden) auftritt.

Wenn alles funktioniert, kann das Gerät schließlich an die Telefonleitung angeschlossen werden. Natürlich darf man das öffentliche Postnetz nicht unbefugt anzapfen und hat sich demzufolge mit der privaten Haustelefonanlage zu begnügen.

Der Schaltausgang darf bei dem angegebenen Relais mit max. 8 A belastet werden, eine 2000-W-Elektroheizung kann man also unbeschadet direkt schalten. Ein letzter Bedienungshinweis noch: Halten Sie die Lautsprecheröffnung des Handsenders immer direkt auf die Sprechmuschel.

4.2 DTMF Dekoder

R. G. Krijgsman

In modernen Telefonanlagen wurde die Impulswahl schon vor längerem vom DTMF-System abgelöst (Dual-Tone-Multi-Frequency). Die dafür entwickelten ICs lassen sich auch universell für's Fernschalten über Leitungen aller Art verwenden.

Universelles Fernschalten

Bei der im Bereich der Bundespost noch gebräuchlichen Impulswahl erzeugt die Wählscheibe mit einem mechanischen Kontakt (oder der elektronische Impulsgeber mit einem Relaiskontakt) serielle Gleichstromimpulse, wobei die Impulsanzahl der gewählten Nummer entspricht. Das modernere DTMF-System ist auch in Europa schon häufig anzutreffen, in der Bundesrepublik allerdings vorzugsweise in Nebenstellenanlagen. Es verwendet anstelle von Impulsen Tonfrequenzen. Jeder Nummer sind 2 Frequenzen zugeordnet, die beim Drücken der Taste sofort auf die Leitung gehen. Das Wählen erfolgt dadurch viel schneller als bei der langsamen mechanischen Impulswahl. Drückt man nach bereits hergestellter Verbindung eine Taste, so gelangt der erzeugte Doppelton über die Leitung zum angewählten Teilnehmer und kann dort elektronisch mit einem DTMF-Dekoder ausgewertet werden. So ist es z. B. in den Niederlanden möglich, bei Anruf eines Versandhauses über die Telefontastatur Bestellnummern direkt in den an's Telefon angeschlossenen Versandhauscomputer einzutippen. Dieser verfügt über ein Sprachausgabemodul zur Dialogführung des Anrufers (Eingabeaufforderung, Wiederholung der empfangenen Nummer, Quittierungsaufforderung etc.). So ist die vollelektronische Warenbestellung von jedem normalen Telefon aus ohne jegliche Zusatzapparatur wie BTX-Terminal oder Computer mit Modem möglich.

Auch in Impulswahlnetzen ist die Übertragung von DTMF-Signalen zu Steuerzwecken technisch möglich. Zum einen gibt es DTMF-Handsender, die mittels eines eingebauten Lautsprechers die Töne akustisch ins Telefon einkopppeln und zum anderen Telefone, die man von Impulswahl auf Frequenzwahl (DTMF-Betrieb) umschalten kann.

Für den Bundespostbereich ist dies alles noch der (nahen?) Zukunft vorbehalten. Zwar könnte man mit Handsender oder umschaltbarem Telefon auch hier einen beim angerufenen Teilnehmer installierten DTMF-Dekoder ansteuern, die Verwendung solcher Gerätschaften ist aber am postalischen Telefonnetz nach wie vor nicht zulässig. In geschlossenen privaten Netzen wie den inzwischen häufig anzutreffenden Haustelefonanlagen sowie in privaten Nebenstellenanlagen gibt es natürlich keine derartigen Einschränkungen — vorausgesetzt, die Anlage ist vom Postnetz vollständig getrennt.

Die hier vorgestellte Dekoderschaltung läßt sich auch völlig unabhängig vom Telefon zum Fernschalten verwenden, zur Übertragung der DTMF-Steuerfrequenzen genügt selbst bei längeren Strecken eine einfache Zweidrahtleitung.

DTMF im Detail

Bild 1 zeigt die Zuordnung von jeweils 2 Frequenzen zu den maximal 16 Tasten eines DTMF-Tastenfeldes in Reihen und Spalten. Die Frequenzen sind sorgfältig ausgewählt, sie stehen in keinem harmonischen Verhältnis zueinander und liegen in dem Bereich, der von Telefonleitungen mit den geringsten Verzerrungen übertragen wird. Die Reihen- und Spaltenfrequenzen sind zu „Gruppen" zusammengefaßt, die Reihen bilden die untere Gruppe, die Spalten die obere. Innerhalb einer Gruppe liegen jeweils vier Frequenzen eng beieinander, der Abstand zwischen den Gruppen ist größer. Jeder Taste ist eine Frequenz der unteren und eine der oberen Gruppe zugeordnet. Wird z. B. die Taste 5 gedrückt, so gelangen die Frequenzen 770 Hz und 1336 Hz gleichzeitig auf die Leitung. Vier mal vier Frequenzen ergeben maximal 16 Tasten (Funktionen), wobei DTMF-Telefone häufig nur 12 Tasten aufweisen (A bis D nicht vorhanden).

Die nominellen Sendepegel für die beiden Gruppen sind dabei unterschiedlich: -11 dBm ($= 220$ mV) für Töne der unteren und

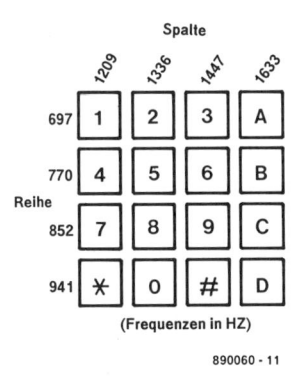

```
              Spalte
          ↙    ↙    ↙    ↙
        1209 1336 1447 1633

    697 | 1 | 2 | 3 | A |

    770 | 4 | 5 | 6 | B |
Reihe
    852 | 7 | 8 | 9 | C |

    941 | * | 0 | # | D |

       (Frequenzen in HZ)
           890060 - 11
```

Bild 1. Jeder Taste sind im DTMF-System zwei Tonfrequenzen zugeordnet, die sich aus der Tastenposition in Reihe und Spalte ergeben. Zum Beispiel: Taste 5 = 770 Hz (Reihe) und 1336 Hz (Spalte).

−9 dBm (= 275 mV) für die der oberen Gruppe, wobei 0 dBm mit 1 mW an 600 Ω definiert sind (= 775 mV an 600 Ω). Wegen der Dämpfung auf der Leitung ist der Dekoder entsprechend empfindlicher, er kann Signale bis herab zu etwa −40 dBm problemlos verarbeiten.

Dekoder-IC

Das verwendete Spezial-IC vom Typ M957 stammt von dem weniger bekannten Spezialhersteller Teltone. Bild 2 läßt das Innenleben erkennen. Ein Eingangs-Hochpaß unterdrückt niederfrequente Anteile wie die Klingelwechselspannung und Netzbrumm. Eine darauffolgende Frequenzweiche mit Bandpässen trennt die Töne der unteren Gruppe von denen der oberen. Nach Begrenzung findet eine sehr genaue Frequenzmessung zur Tonerkennung statt, die so ermittelte Zahl wird an einem vier bit breiten Bus binär herausgegeben (16 Möglichkeiten, HEX 0 bis F). Das IC benötigt extern lediglich einen (billigen) NTSC-Quarz von 3,58 MHz, einen Widerstand und zwei Kondensatoren. Der Strobe-Ausgang gibt an, wann die Daten gültig sind und weitergeleitet werden können. Mit dem OE-Eingang lassen sich die Ausgänge auf hochohmig schalten, so daß der Anschluß an µC-Busse kein Problem darstellt. Über die Eingänge A und B kann man die Empfindlichkeit mit einem 2-bit-Steuerwort binär einstellen (00 ist minimale und 11 maximale Eingangsempfindlichkeit).

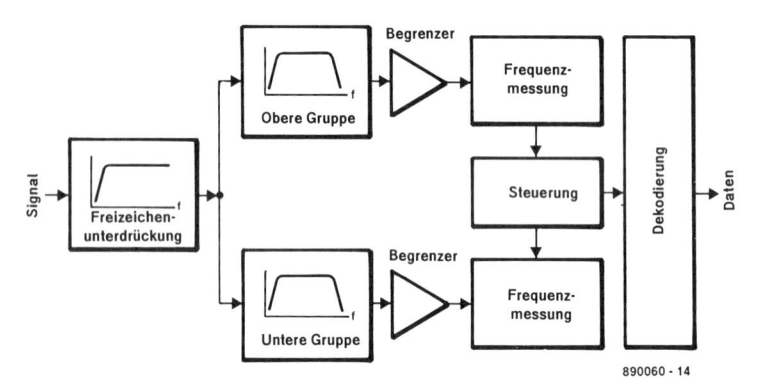

Bild 2. Blockschaltbild des Dekoder-ICs M-957 von Teltone. Sämtliche Filter- und Tondekoder-Funktionen benötigen an externer Beschaltung nur einen einzigen Quarz mit einem Widerstand und zwei Kondensatoren. Distributor für das Dekoder-IC ist: Allmos, Fraunhofer Straße 11a, 8033 Martinsried.

Dekoder-Schaltung

Wir haben es uns nicht nehmen lassen, das IC mit einigen Zutaten zu garnieren, die erst einen vollständigen, universellen Dekoder ausmachen, der vollautomatisch arbeitet und über einen computertauglichen Ausgang verfügt (Bild 3). Die Schaltung reagiert nur auf DTMF-Signale und ignoriert alles andere, was sich sonst noch auf der Leitung befindet. C1, C5 und C6 am Eingang sorgen für eine Gleichspannungsabkopplung (etwa 50 V bei Telefonleitungen). Über R9 fließt kein Strom, solange der Relaiskontakt re1 noch nicht geschlossen ist. Ein Klingelsignal bedeutet auf der Leitung eine intermittierende Wechselspannung von 75 V (eff.) mit etwa 25 Hz. Es fließt dann während einer Halbwelle ein Strom über die LED

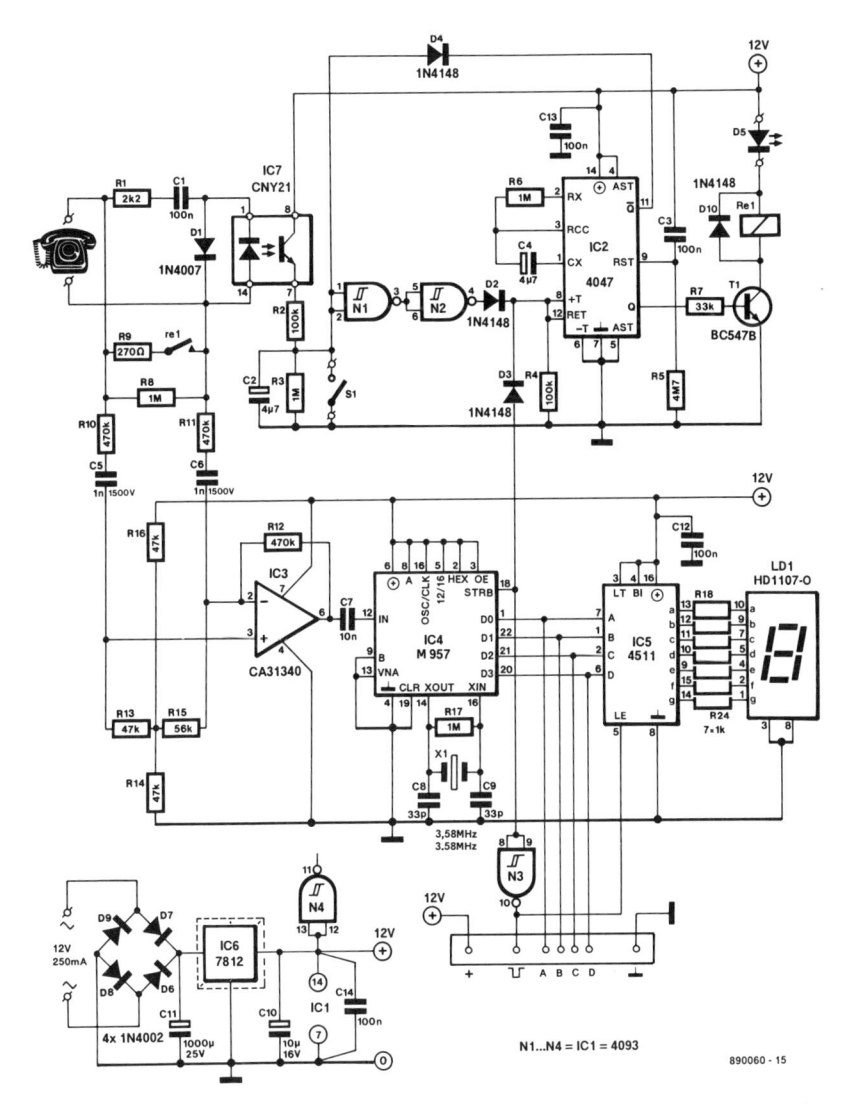

Bild 3. Der Schaltungsaufwand für die eigentliche Dekodierung ist gering, der größere Teil der Schaltung dient der automatischen Anrufannahme und entfällt bei Verwendung ohne Telefon.

des Optokopplers und weiter über C1 und R1. Während der anderen Halbwelle fließt der Strom über die antiparallel zur Optokoppler-LED geschaltete Diode D1. Die vom Optokopler übertragenen Klingelsignal-Halbwellen laden C2 innerhalb von zwei bis drei „Klingelzeichen" auf. Kürzere Störimpulse reichen dazu nicht aus, so daß der nachgeschaltete Schmitt-Trigger (N1, N2) nur auf echte Klingelsignale reagiert, indem er das Monoflop (IC2) startet. Das Relais Re1 am Monoflop-Ausgang zieht an, die LED D5 leuchtet und der Kontakt re1 schließt jetzt R9 an die Leitung. Mit dieser Belastung fließt genügend Strom, um die Telefonzentrale die Verbindung herstellen zu lassen: re1 simuliert den bei Abnehmen des Hörers schließenden Gabelkontakt, R9 ersetzt mit seinem Widerstand das Telefon selbst, dessen Hörer ja unverändert in der Gabel liegt. Gleichzeitig entlädt sich jetzt C2 über D4, wodurch der Klingelsignal-Detektor (IC7, C2, N1/N2) wieder in den ursprünglichen Zustand zurückkehrt. Kommen als nächstes DTMF-Signale über die Leitung, so werden diese vom Dekoder IC4 ausgewertet. Mit jedem als richtig erkannten Code (Doppelton) wird der Strobe-Ausgang des ICs (STRB an Pin 18) kurz aktiv und zeigt an, daß die Daten an D0...D3 gelesen werden können. Dieser Strobe-Impuls gelangt durch N3 invertiert mit den Daten an die Computerschnittstelle, gleichzeitig steuert er den Latch IC5 für das Datendisplay LD1 (7-Segment-Display), das den empfangenen DTMF-Code anzeigt. Das Strobesignal triggert über D3 auch das Monoflop nach, damit die Verbindung für eine weitere Monoflopzeit gehalten wird. Kommt länger als 10 Sekunden kein gültiger DTMF-Code, so erfolgt keine Nachtriggerung mehr. Nach Ablauf der Monoflopzeit fällt das Relais ab und beendet das „Gespräch" durch Öffnen des „Gabelkontaktes" re1, die Leitung ist wieder frei. Mit S1 läßt sich der Klingelsignaldetektor blockieren, so daß der Dekoder keine Anrufe mehr entgegennimmt.

Stückliste

Widerstände:
R1 = 2k2
R2, R4 = 100 k
R3, R6, R8, R17 = 1 M
R5 = 4M7
R7 = 33 k
R9 = 270 Ω
R10...R12 = 470 k
R13, R14, R16 = 47 k
R15 = 56 k
R18...R24 = 1 k
Kondensatoren:
C1, C3, C12...C14 = 100 n
C2, C4 = 4µ7/63 V radial
C5, C6 = 1 n/1,5 kV
C7 = 10 n
C8, C9 = 33 p
C10 = 10 µ/16 V
C11 = 1000 µ/25 V
Halbleiter:

D1 = 1N 4007
D2...D4, D10 = 1N 4148
D5 = LED rot
D6...D9 = 1N 4002
T1 = BC 547B
IC1 = 4093
IC2 = 4047
IC3 = CA 3140
IC4 = M 957-1 (oder ohne Suffix, keinesfalls -2!)
IC5 = 4511
IC6 = 7812
IC7 = CNY 21
außerdem:
S1 = Schalter 1 x an
Re1 = 12-V-Relais z. B.
  Siemens V23037-A0002
X1 = NTSC-Quarz 3,579 MHz
LD1 = Display HD 1107-0
Kühlprofil für IC6

Realisierung

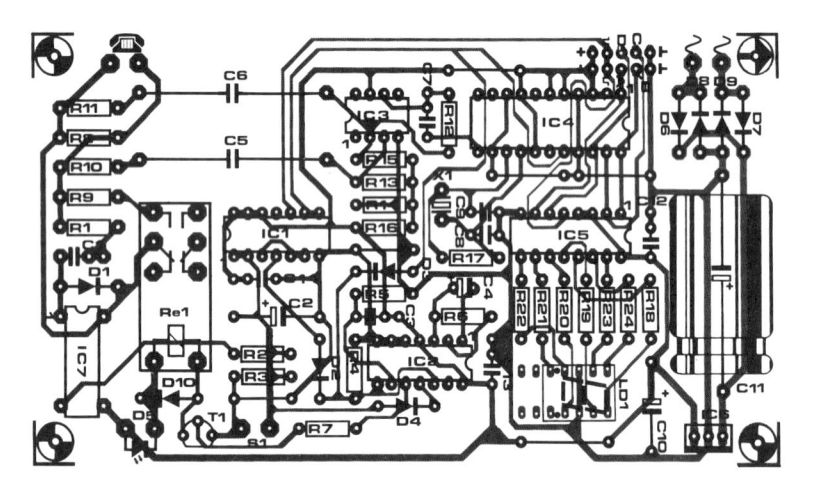

Bild 4. Bis auf einen kleinen Netztrafo befinden sich sämtliche Bauteile auf der Platine. Der Bestückungsplan ist auf 80 % der Originalgröße verkleinert. Das Layout in Originalgröße befindet sich im Anhang.

Mit Platine kein Problem, hier zu sehen in Bild 4. Die der Stromversorgung auch nicht, ein 12-V-Kleintrafo mit wenigstens 250 mA genügt, am besten als Netzadapter in ein Steckergehäuse eingebaut. Der Rest ist auf der Platine, wobei der Spannungsregler IC6 eines Kühlkörpers bedarf. Für den Fall, daß eine Verwendung an der Telefonanlage in Frage kommt, müssen C5 und C6 Spezialkondensatoren mit 1500 V Wechselspannungsfestigkeit sein, um unter allen Umständen eine Rückwirkung von der Schaltung auf die Leitung zu verhindern, aus dem gleichen Grund verfügt der Optokopler über eine hohe Isolationsspannung. Die digitalen Ausgänge sind für einfachen Anschluß auf eine 10-poligen Pfostenfeldleiste geführt, von hier kann man dann leicht zu anderen Digitalschaltungen weiterverbinden, z. B. über eine Sub-D-Steckverbindung zu einem Computer.

Verwendungsmöglichkeiten

Die „Telefonkompatibilität" läßt sich in Privatanlagen mit DTMF-Wahl leicht nutzen: Dekoder einfach parallel zum Nebenstellenapparat anschließen und wie eingangs beschrieben verwenden. Bei Verbindung der Ausgänge mit Digitalschaltungen oder Computerports muß man die 12-V-Ausgangspegel meist erst auf 5 V (TTL) umsetzen (wichtig!). Für einfache Steueraufgaben ist der Anschluß eines Relais an einen der Ausgänge häufig die beste Lösung. Als Relaistreiberstufe für 12-V-Kleinrelais eignet sich die Schaltung mit T1. Bei zwei DTMF-Codes pro Schaltfunktion (für ON und OFF) lassen sich mit der normalen 12er-Telefontastatur 6 Schaltfunktionen fernbedienen, ein DTMF-Geber mit 16 Tasten erlaubt das Maximum von 8 ON/OFF-Schaltkanälen. Will man eine Fernbedienung durch Außenstehende ausschließen, so kann man für DTMF-Geber und Dekoder übereinstimmend eine andere Quarzfrequenz im Bereich von etwa 3 bis 4 MHz einsetzen, z. B. preiswerte PAL-Quarze oder (topsecurity) Spezialgeschliffene mit „persönlicher" Frequenz für etwa 30 DM das Stück.

Bei einer vom Telefon unabhängigen Verwendung entfällt die ganze Anruferkennung mit folgenden Bauteilen: R1...R9, D1...D5, D10, C1...C4, C13 sowie Re1, T1, IC2 und IC7. Mit den Widerständen R10 und R11 läßt sich bei Bedarf die Eingangsempfindlichkeit anpassen, C5 und C6 können normal spannungsfest dimensioniert werden (50 V genügt). Man kann dann über einen entsprechenden DTMF-Geber einen oder mehrere Dekoder an einer mehrere 100 Meter langen Zweidrahtleitung betreiben, dies kann auch eine Ringleitung sein. Drahtlose Fernsteuerung ist ebenfalls möglich, wenn man die Zweidrahtleitung zum Beispiel durch eine IR-Übertragung ersetzt. In Verbindung mit der Bandaufzeichnung von DTMF-Signalen sind weitere Anwendungen denkbar, etwa einfache Ablaufsteuerungen vom laufenden Band, wie sie zur Projektorsteuerung recht beliebt sind. Eventuell kommt man sogar ohne Zusatzspur aus, wenn sich die ganz kurzen DTMF-Töne mit niedrigem Pegel unauffällig mit der Vertonung mischen lassen. An die Tonqualität einer separaten Steuerspur werden übrigens keine besonderen Ansprüche gestellt: Telefonqualität genügt schon.

5. Kommunikation round the house

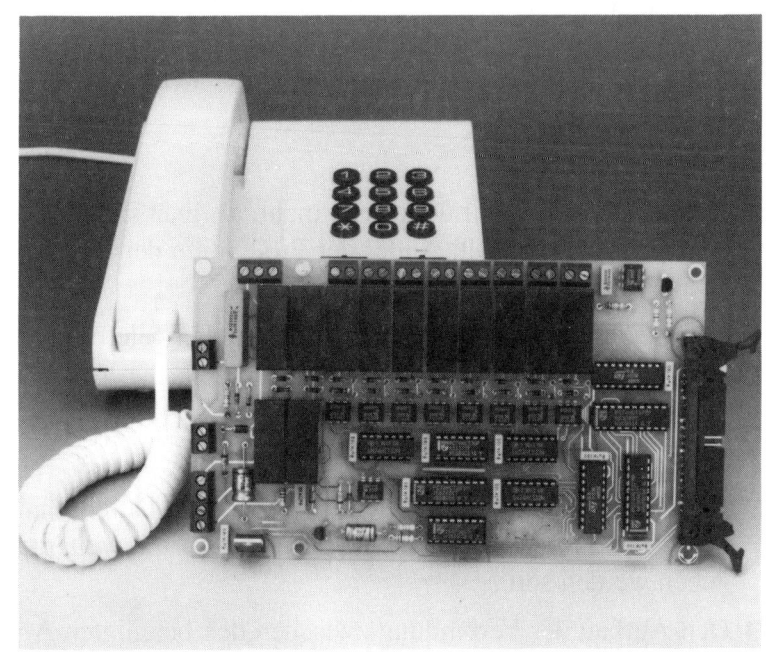

Die Zentrale einer Haustelefonanlage gehört sicherlich zu den interessantesten Selbstbauschaltungen. Der Grund? Industriell hergestellte Exemplare sind durchweg für den Büroeinsatz konzipiert, verfügen darum über Eigenschaften, die man privat nicht benötigt und sind nicht zuletzt dadurch recht teuer. Selbstbau ist hier besonders lohnend. Dazu kommt, daß man die billigen Japan-Telefone mit Tastwahl verwenden kann, die heute teilweise schon für 20 DM zu haben sind.

Also nichts wie ran.

5.1 Haustelefonanlage

Es müssen keine Japanimporte sein. An die hier beschriebene Haustelefonanlage kann man selbstverständlich auch ganz gewöhnliche Telefonapparate anschließen; maximal acht Stück. Prinzipiell arbeitet die Telefonzentrale mit allen Telefonapparaten, die das sogenannte Impulswählverfahren benutzen. Apparate mit Frequenzwählverfahren sind dagegen nicht brauchbar — aber zum Glück gibt es die auch kaum.

Möglichkeiten

So eine Haustelefonzentrale tut viel mehr, als man sich im ersten Augenblick vorstellt. Außer der Produktion der Wahlimpulse übernimmt sie alle Aufgaben:

- ❒ Das Dekodieren und Verarbeiten der von den Telefonapparaten gelieferten Wahlimpulse.
- ❒ Das Erzeugen des Freizeichens und das Durchschalten der Rufwechselspannung zum angewählten Apparat.
- ❒ Das Erzeugen des Besetztzeichens und dessen Durchschalten, wenn das Gespräch an einen dritten Apparat weitergegeben werden soll.
- ❒ Den Aufbau der Verbindung zwischen den beteiligten Apparaten.

Außerdem bietet diese Haustelefonzentrale noch eine alternative und besonders bequeme Art, mit seinem Gegenüber in's

Gespräch zu kommen. Normalerweise muß man ja erst die entsprechende Nummer wählen und dann warten, bis das andere Telefon abgenommen wird. Bei dieser Zentrale kann man aber das Wählen bleiben lassen, und wenn ein zweites Telefon abgenommen wird, dann wird die Verbindung automatisch hergestellt.

Die Zentrale verfügt außerdem über neun LEDs, die über den momentanen Zustand unterrichten. Acht LEDs zeigen an, ob das jeweils zugehörige Telefon abgehoben ist, und die neunte LED ist die Besetztanzeige. Sie informiert darüber, ob eine Verbindung aufgebaut ist oder nicht. Wie bei einer richtigen, postgemäßen Nebenstellenanlage muß man die Telefonapparate nur jeweils über eine zweiadrige Leitung an die Zentrale anschließen, das ist alles.

Telefonelektronik

Da die Bestückung auch von der Anzahl der angeschlossenen Apparate abhängig ist, muß man sich vor dem Einkauf der Bauteile überlegen, wieviele Apparate man eigentlich installieren möchte. Doch nun zur Technik.

Zuerst ein Blick auf Bild 2 (Seite 92). Hier finden Sie das Netzteil, das per 15-V-Spannungsstabilisator einerseits die Elektronik und andererseits die beiden Gyratoren um T21 und T22 versorgt. Die Gyratoren haben einen kleinen Gleichstrom-Innenwiderstand und einen sehr großen Wechselstrom-Innenwiderstand. Sie speisen die Sprech- und Warteleitung und ihre hohe Wechselstromimpedanz ermöglicht, daß die Sprechwechselspannung der Telefone praktisch nicht gedämpft wird.

Die Telefone liegen alle über den Kontakt „ihres" Relais an der Warteleitung und an „ihrer" Interface-Schaltung. Solange der Hörer aufgelegt bleibt, liegt im Telefon nur die Klingel über einen 1-μF-Kondensator an den Klemmen a und b. Es kann also keine Gleichspannung fließen, der Transistor T1 (beim Telefon 1) bleibt gesperrt und die zugehörige LED dunkel. Am D-Ausgang des Interface liegt nun im Ruhezustand der Schaltung eine logische 0 und am H-Ausgang eine logische 1. Wird der Hörer abgenommen, so fließt ein Gleichstrom zwischen den Klemmen a und b. Über R1 erzeugt er einen so hohen Spannungsabfall, daß T1 leitet und die LED leuchtet. Der D-Ausgang geht sofort auf „1" und der H-Ausgang geht, verzögert durch die Zeitkonstante aus C1 und R25, auf „0". Wählt man nun eine Nummer, so wird der Strom über die Klemmen a und b im Rhythmus der Wahlimpulse unterbrochen, die LED flackert und am D-Ausgang stehen die Wahlimpulse, gesäubert durch den Schmitt-Trigger N1, an. Der H-Ausgang bleibt aber auf „0", da das RC-Glied diese Impulse unterdrückt. Das muß es auch, denn eine „1" am H-Ausgang wäre für die Steuerelektronik das Zeichen, daß der Hörer wieder aufgelegt wurde. Nun zur Steuerung (Bild 1).

Solange kein Telefonhörer abgenommen ist, sind alle D-Eingänge „0" und alle H-Eingänge „1". Alle Relais sind abgefallen, alle Flipflops und der Zähler IC5 sind rückgesetzt. Wird nun ein Apparat abgenommen, so wechseln die entsprechenden D- und H-Eingänge ihre Pegel. Der 0-Pegel am H-Eingang setzt über sein NOR-Gatter (N31...N38) sein Flipflop (FF1...FF8), wodurch das zugehörige Relais (Re1...Re8) anzieht und die Klemme a des abgehobenen Telefons von der Warte- auf die Sprechleitung umschaltet. Der gleichzeitig entstehende „1"-Pegel am Ausgang von N39 triggert FF10, dessen Ausgang N18 freigibt. Außerdem wird über N23 und verzögert (C17/R62) über N22 der Tonoszillator um N17 gestartet. Auf der Sprechleitung liegt nun das Freizeichen (Dauerton) und auf der Warteleitung das Besetzzeichen (pulsierender Ton).

Wird jetzt ein zweiter Telefonhörer abgenommen, passiert folgendes: Jetzt sind zwei H-Leitungen „0" und der Komparator IC18 bemerkt das und schaltet seinen Ausgang auf „0". Dieser Pegel verhindert über N28 ein Durchkommen irgendwelcher Wahlimpulse und über N30 das Zustandekommen des Rufsignals für die Klingeln. Gleichzeitig aktiviert der zweite abgenommene Telefonapparat über seinen H-Ausgang sein OR-Gatter, sein Flipflop und sein Relais. Er wird also ebenfalls an die Sprechleitung gelegt. Sofort, ohne zu wählen.

Die andere Betriebsweise ist: der zweite Apparat wird nicht abgenommen und der erste wählt eine Nummer, zum Beispiel die Acht. Ein H-Eingang ist ja schon „0" (vom ersten Telefon), weshalb N23 den Zähler IC5 freigibt. Die Folge von acht Impulsen erscheint nun am D-Eingang der Steuerung. Durch diese Impulse wird per Monoflop MMV1 FF10 zurückgesetzt und das Freizeichen auf der Sprechleitung verschwindet. Die Wahlimpulse gelangen über N27, N29 und N24 an IC5 und werden dort gezählt. Nachdem die acht Impulse vorbei sind, führt in unserem Beispiel der Ausgang Q8 von IC5 eine „1" — N38 triggert FF8, und Re8 zieht an. Apparat Nummer 8 liegt also an der Sprechleitung. Kurz nach Ende der Impulsserie wird außerdem MMV2 aktiviert, das FF9 setzt und über N20 und Re9 die Rufwechselspannung auf die Sprechleitung setzt. Bei Nummer 8 klingelt es jetzt. Nimmt jemand dessen Hörer ab, so bringt IC18 über N30 und FF9 die Klingel zum Schweigen. Beide Apparate sind verbunden.

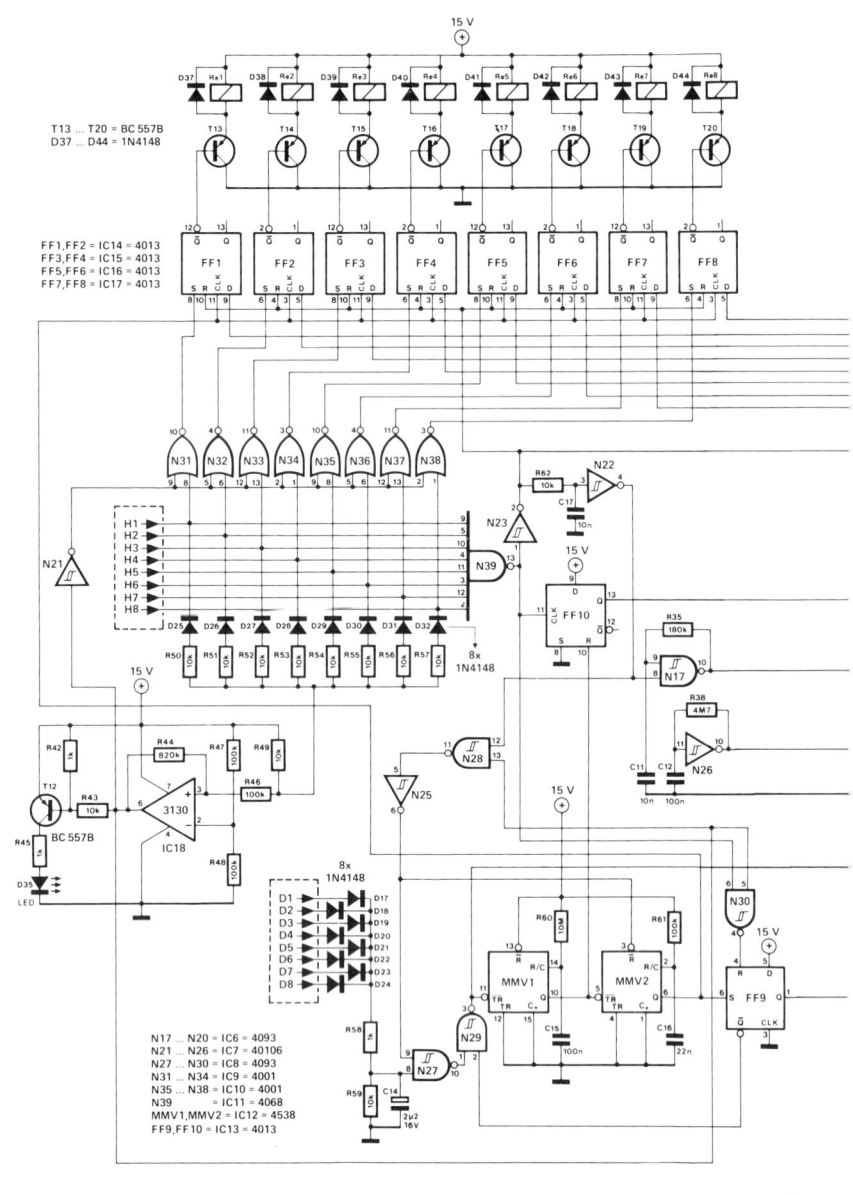

Bild 1. Die zentrale Steuerelektronik im Detail. Die Auswahl des richtigen...

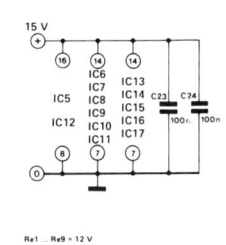

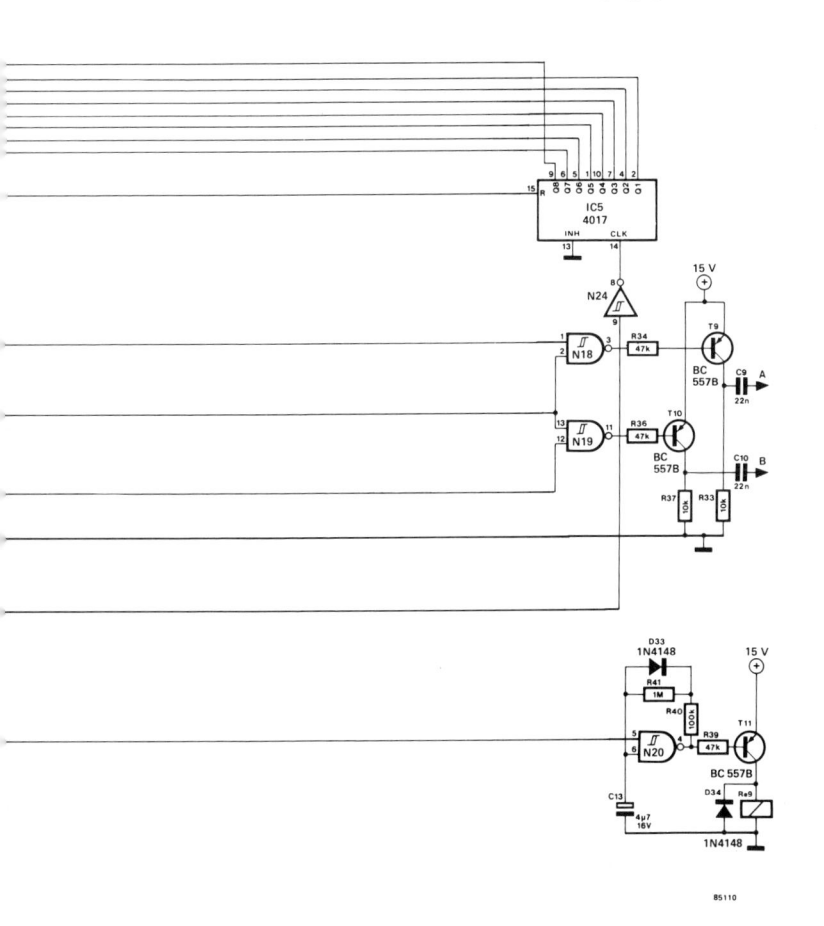

...Telefons übernimmt der Dezimalzähler IC5 anhand der Wahlimpulse.

Wenn zwei Apparate abgenommen sind, leuchtet an der Zentrale immer die LED Nummer 9 (D35), die Besetzt-LED. Wird ein dritter Hörer von der Gabel genommen, dann wird hier lediglich das Besetztzeichen auf der Warteleitung zu hören sein. Da der Ausgang von N21 jetzt nämlich schon „1" ist, bleiben alle anderen OR-Gatter (N31 bis N38) für ein nochmaliges Triggern eines Flipflops gesperrt. Der dritte Apparat muß sich also gedulden, bis die zwei vor ihm wieder aufgelegt sind. Auch abgenommenen vierten und fünften Apparaten bleibt dies nicht erspart. Mithören ist auf diese Weise zuverlässig ausgeschlossen.

Stromversorgung und Aufbau

Beim Netzteil gibt es zwei Alternativen. Man kann einmal einfach einen Trafo mit 2 x 18 V/500 mA verwenden oder einem mit 1 x 18 V/500 mA einen 1 x 18V/50 mA in Serie schalten. Der Netzteilaufbau ist gegenüber der eigentlichen Schaltung wesentlich einfacher: Alle Bauteile der Steuerung und die notwendige Anzahl von Relais und Interface-Bauteilen auf die Lochrasterplatine setzen — das wär's.

Die einzelnen Apparate werden über zweiadrige Telefonleitung oder schlichten Klingeldraht an die Platine angeschlossen. Ob man dabei a und b verwechselt, ist egal. Es muß lediglich sichergestellt sein, daß Telefon 1 an a1 und b1 angeschlossen ist und nicht zufällig an a1 und b2.

Noch ein Tip zum Schluß. Bei einigen gebrauchten Telefonapparaten aus alten Nebenstellenanlagen ist die Klingel nicht mit den Anschlüssen für die Sprechleitung a und b verbunden. Das muß man dann im Telefon nachträglich tun.

Tip am Schluß

Eine Verkleinerung von C15 auf 22 nF verkürzt die Zeit zwischen Wählen und Klingeln. Doch der Wert von 22 nF ist möglicherweise zu klein. Die Rufwechselspannung wird in diesem Fall „vor" dem Ende der Impulsserie auf die Sprechleitung gesetzt. Sind nur zwei oder drei Telefone angeschlossen, geht alles gut. Wird die Anlage mit acht Telefonen betrieben, kann es vorkommen, daß es am falschen Telefon klingelt.

Stückliste

Widerstände:
R1...R8 = 330 Ω
R9...R16, R33, R37, R43, R49, R50...R57,
R59, R62, R63, R65 = 10 k
R17...R24 = 470 Ω
R25...R32, R40, R46...R48, R61 = 100 k
R34, R36, R39 = 47 k
R35 = 180 k
R38 = 4M7
R41 = 1 M
R42, R45, R58 = 1 k
R44 = 820 k
R60 = 10 M
R64, R66 = 68 k

Halbleiter:
T1...T8 = BC547B
T9...T20 = BC557B
T21, T22 = BC 517
D1...D8, D36 = 1N4001
D9...D16, D35 = LED
D17...D34, D37...D44 = 1N4148
IC1...IC4, IC6, IC8 = 4093
IC5 = 4017
IC7 = 40106
IC9, IC10 = 4001
IC11 = 4068
IC12 = 4538
IC13...IC17 = 4013
IC18 = 3130
IC19 = 7815

Kondensatoren:
C1...C8, C21, C22 = 10 µ/16 V
C9, C10, C16 = 22 n
C11, C17 = 10 n
C12, C15, C19, C20, C23, C24 = 100 n
C13 = 4µ7/16 V
C14 = 2µ2/16 V
C18 = 2200 µ/40 V

außerdem:
S1 = doppelpoliger Netzschalter
Re1...Re9 = 12-V-Relais für Platinenmontage
Tr1 = Netztrafo,
2 x 18 V/500 mA sekundär
oder
Trafo mit 1 x 18 V/500 mA und Trafo mit 1 x 18 V/50 mA
F1 = 100 mA-Sicherung, träge

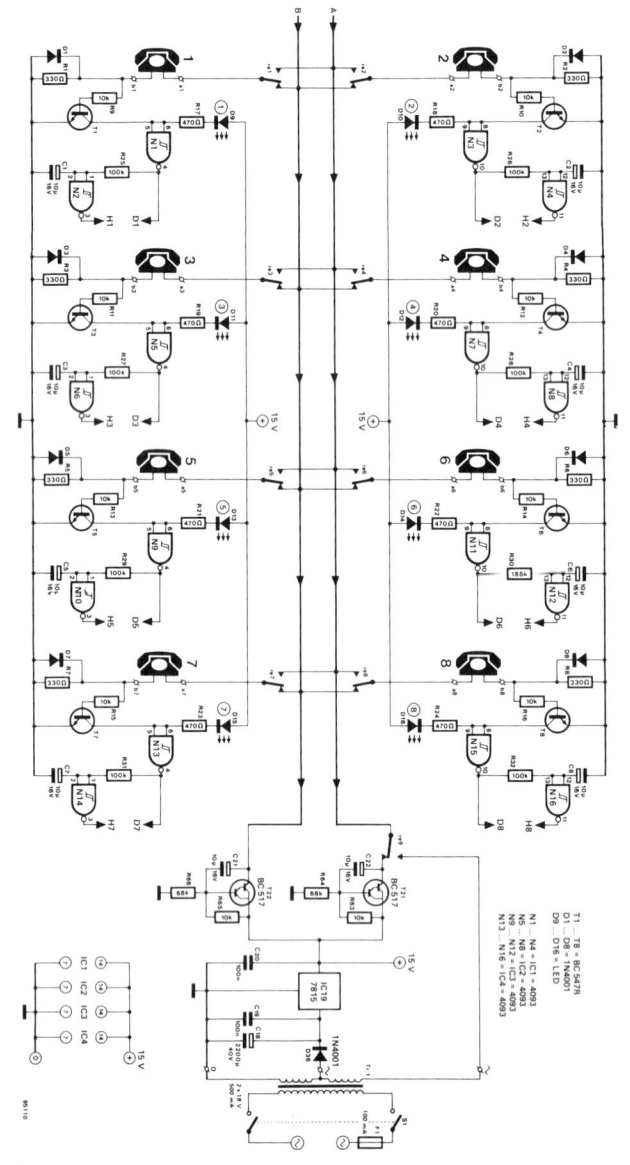

Bild 2. Das Netzteil und acht Interface-Schaltungen: pro Telefon benötigt man eine.

5.2 Tastwahl fürs Telefon

Für die Haustelefonanlage aus 5.1 sind die günstigen Japan-Tastentelefone vorgesehen. Was aber, wenn man noch Mengen von Wählscheiben-Telefone im Keller hat... und auf Tastenwahl nicht verzichten möchte?

Ohne Spezial-ICs

Man nehme: Drei CMOS-ICs, drei Transistoren, einige Dioden, Widerstände und Kondensatoren... und fertig ist die Tastwahl für die Haustelefonanlage! Aber leider nur auf dem Papier — zur funktionierenden Schaltung gehören auch noch ein paar Bastelkünste.

Die Haustelefonanlage sieht bis zu acht Telefone vor, unsere „Tast-Wählscheibe" bedient sogar zehn Anschlüsse. Nachteil ist die Blockbatterie, die zwar nur 15 mA Strom liefern muß, aber halt in jedem Apparat unabdinglich ist (natürlich geht das auch mit einer dritten 9-V-Ader von der Zentrale).

Änderungen

Ein Vergleich zwischen Bild 1 und Bild 2 zeigt Ihnen, wo Änderungen am Telefonapparat vorgenommen werden müssen. Die Schalter S1a und S1b werden durch den Gabelumschalter (Höreraufflage) betätigt. Der Schalter „nsi" in Bild 2 entspricht dem Transistor T1, der Wählscheibenkontakt „nsa" dem Transistor T2. In den Telefonapparaten sind in der Regel der 1-μ-Klingelkondensator, Übertrager und Begrenzungsdioden vorhanden. Deshalb können C1, Tr1, D6 und D7 entfallen. Bei Verwendung eines Apparates wie in Bild 2 entfällt ebenfalls der Widerstand R16. Nun steht dem

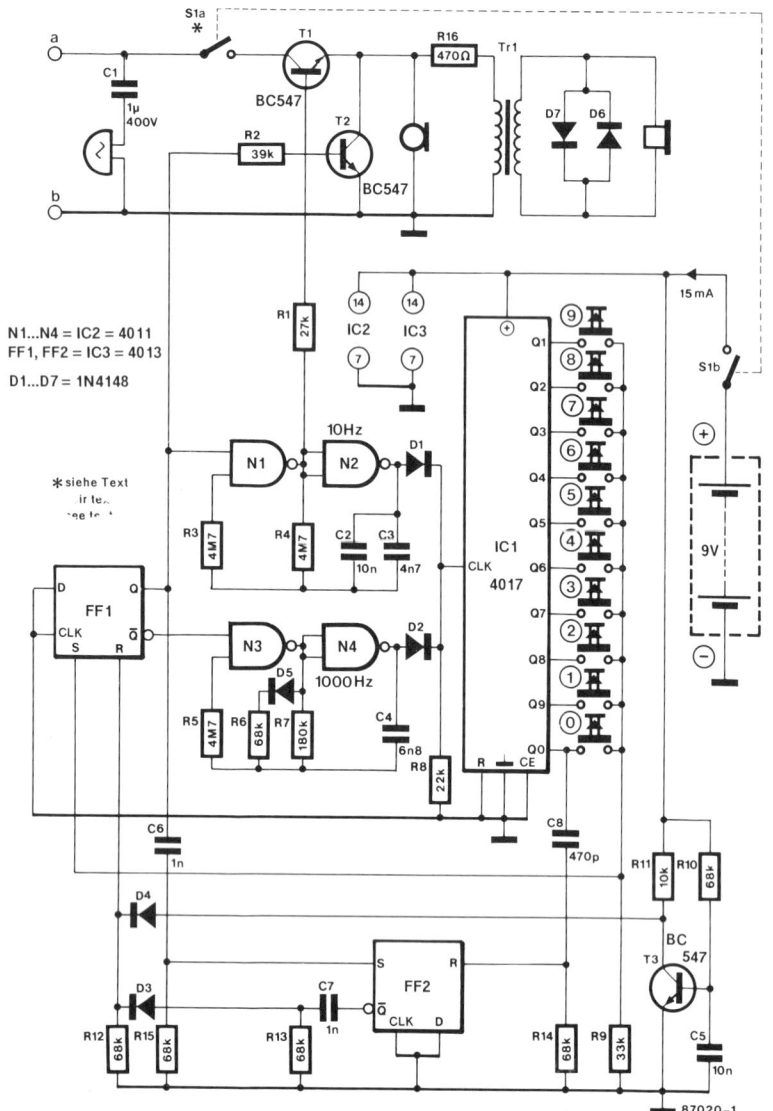

Bild 1. Diese elektronische Tastwahl paßt auf eine kleine Lochrasterplatine.

Aufbau auf einer kleinen Lochrasterplatine und dem Einbau in den Apparat nichts mehr im Wege.

Wie funktioniert's?

Nimmt man den Hörer von der Gabel, werden die Kontakte S1a und S1b geschlossen. Über die Batterie werden die Bausteine unter Strom gesetzt. Bei diesem Einschaltvorgang erzeugt T3 über D4 einen RESET-Impuls an das Flipflop FF1. Der Ausgang $\overline{Q}$ gibt den 1000-Hz-Oszillator (N3 und N4) frei, sperrt aber gleichzeitig den 10-Hz-Generator (N1 und N2). Die 1000 Hz laufen über D2 auf den CLOCK-Eingang des Zählers IC1.

Wählt man mit der Taste „5" zum Beispiel die Garage an, läuft der Zähler solange, bis über Ausgang Q5, Taste 5 der Zählimpuls auf den SET-Eingang des FF1 kommt. Der 1000-Hz-Oszillator sperrt, der 10-Hz-Oszillator läuft an. Mit dem Umkippen des FF1 wird gleichzeitig T2 geöffnet (die Leitungen a und b werden dadurch hinter T1 kurzgeschlossen) und über C6 das Flipflop FF2 gesetzt.

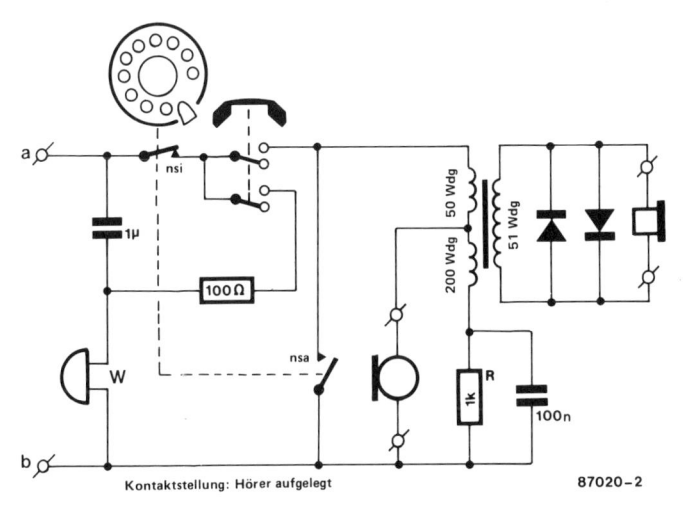

Bild 2. So sieht die Schaltung eines Telefonapparates aus (Typ 611).

Zurück zum 10-Hz-Oszillator: Dieser zählt nun munter vor sich hin, bis der Zähler bei Q0 angekommen ist. Und das waren nur 5 Impulse, also 0,5 Sekunden. Die Impulse wurden gleichzeitig über R1 an Transistor T1 gegeben, der dann genau wie eine Wählscheibe „gewählt" hat: Die Leitungen a und b wurden also fünfmal kurzgeschlossen.

Der Zähler hält bei Q0 an, weil über C8 FF2 zurückgesetzt wird. Ausgang $\overline{Q}$ des FF2 gibt über C7 und D3 den entsprechenden Impuls auf den RESET-Eingang von FF1, der 1000-Hz-Generator beginnt von neuem und...

Bitte versuchen Sie nicht, Ihren Postanschluß umzufunktionieren. Zum einen verstößt dies gegen das Fernmeldeanlagengesetz, zum andern bekommt die 60-V-Spannung Ihren Halbleiterbauteilen überhaupt nicht. An Haustelefonanlagen arbeitet die Tastwahl ohne Probleme.

Nicht vergessen: Freilaufdiode

Bei induktiven Lasten (Relaisspule etc.) muß man Schalttransistoren durch eine Diode (siehe Bild 3) vor der Selbstinduktionsspannung vom Abschalten schützen. Bei der „Tastwahl" kann der Transistor T1 durch die Wechselspannung an der Klingel zerstört werden, wenn nicht eine Diode zwischen Kollektor und Emitter vorgesehen wird. Außerdem sollte man für C4 besser 100 nF einsetzen, um den Einfluß der Tastendruckdauer bei niedrigen Zahlen zu verringern.

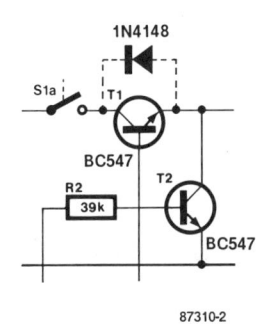

5.3 Mini-Haus-Telefonanlage

„Exportware", „Nur für Export" und ähnlich lauten meist die Begleittexte für Werbeanzeigen für Hongkong-Telefone. Daß sich der Import der 10-Mark-Geräte für den Hausgebrauch lohnt, zeigt diese Bauanleitung.

Einfach, aber gut verbunden

Wer auf einer Verkaufsmesse wegen des günstigen Preises gleich einen Karton voller Tastentelefone gekauft hat, der hat zu Hause sicherlich auch sofort alles ausprobiert. Zwei Telefone parallel und dazu einen 9-V-Block bringen ein vorerst glückliches Sprech- und Hörerlebnis (Bild 1).

Aber nach 2 bis 3 Stunden ist alles vorbei; die Hongkongware hat die gesamte Energie des 9-V-Blocks aufgesogen. Kein Wunder, bei ungefähr 200 Ohm Innenwiderstand fließen bei zwei Telefonen rund 100 mA. Und piepen tut die Microanlage auch nicht. Dafür sind mindestens 24-V/50-Hz-Wechselspannung notwendig.

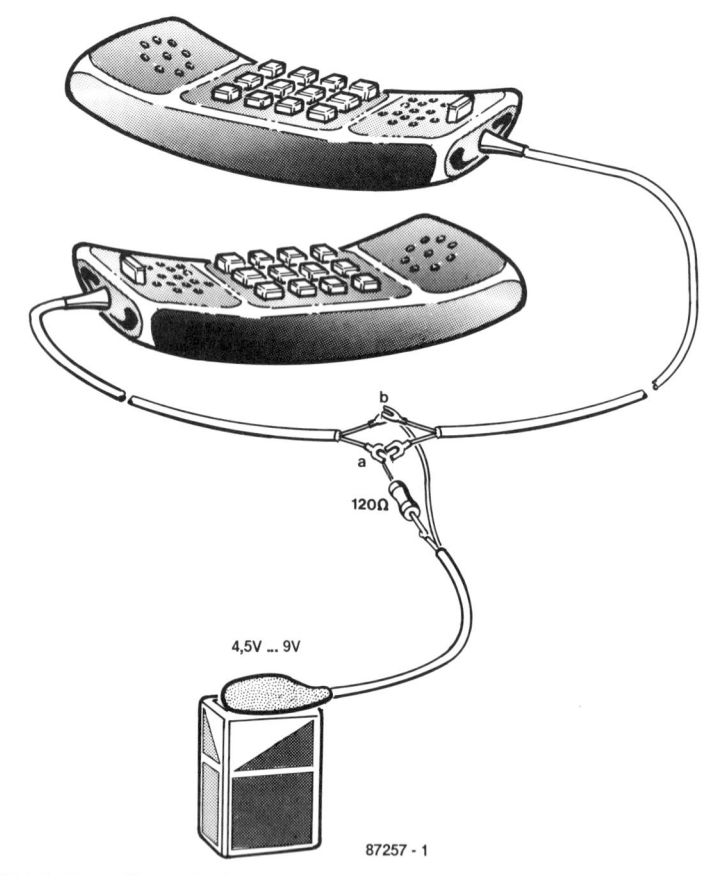

Bild 1. Erste Versuche bringen ein erstes Hör- und Sprecherlebnis.

Warnung

Echten Komfort zeigt die Schaltung nach Bild 2. Nachteil: Man braucht mehr als nur etwas Draht und eine Batterie. Das Wichtigste zu allererst: Da die Minitelefonzentrale an's Netz angeschlossen wird, sind einige VDE-Regeln dringend einzuhalten! Dann gibt es auch mit an Sicherheit grenzender Wahrscheinlichkeit keine Leucht- und Qualmerscheinungen aus den Telefonen.

1. Als Gehäuse nehmen Sie eine Vollkunststoffausführung mit angegossenem Stecker.
2. Der 2 x 12-V-Trafo muß vergossen und bis 3 kV überschlagsfest sein.
3. Pro angeschlossenem Telefon müssen mindestens 150 mA einkalkuliert werden (Trafoleistung).
4. Die entstehende Wärme am Festspannungsregler und Widerstand R8 darf das Gehäuse nicht gleich zum Schmelzen bringen (Lüftung).

Jetzt zur Schaltung. Auf der Sekundärseite des Trafos wird das „warme" Ende (12 V) des einen Anschlusses mit dem „kalten" Anschluß (0 V) der zweiten 12-V-Wicklung zusammengefaßt (künstlicher Mittelabgriff). Achtung, diese Wicklungsanschlüsse dürfen nicht verwechselt werden, eventuell ausmessen! Für die Schaltung stehen nun drei Abgriffe zur Verfügung (0 V oder Masse, 12 V und 24 V).

Am 12-V-Abgriff ist eine einfache Gleichrichtung mit Glättung (D1, C1) angeschlossen). Der Festspannungsregler IC1 sorgt für exakte 12 V. Über Widerstand R8 und den Ruhekontakt des Relais steht den Telefonen die Betriebsspannung zur Verfügung. Aus dem Schaltbild können Sie entnehmen, daß auch Telefone „made in Germany" wahlweise benutzt werden können.

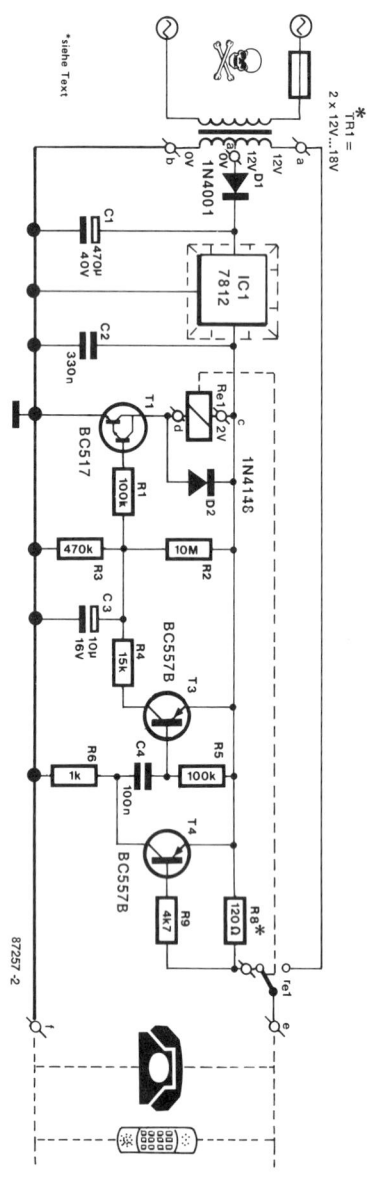

Bild 2. Mit etwas mehr Aufwand entsteht eine Mini-Haustelefonanlage.

Geheimkode

Wie kommt der Anrufer zu seinem Telefonpartner? Ganz einfach, er hebt den Hörer ab, und dann passiert folgendes: Am schon erwähnten Widerstand R8 tritt ein Spannungsabfall von 3 bis 7 Volt auf. Dadurch wird der Transistor T3 über R7 aufgesteuert. Über Kondensator C4 gelangt ein Spannungsimpuls auf die Basis von T2. Dieser Transistor öffnet nun kurz und lädt Elko C3 ein wenig auf. Das reicht aber nicht aus, um T1 durch- und das Relais auszuschalten. Transistor T2 lädt also den Elko C3 durch kurze Spannungsimpulse über C4 auf. Gleichzeitig wird C3 über den Widerstand R3 bis auf einen bestimmten Spannungspegel entladen (Spannungsteiler R2/R3). Damit das Relais schaltet, muß T2 also viele Spannungsimpulse in kurzer Zeit erhalten. Nur hierdurch wird C3 schneller aufgeladen als über R3 entladen. Was liegt näher, als hierzu die Tasten oder die Wählscheibe der Telefone zu benutzen? Je nach Dimensionierung des Spannungsteilers R2/R3 reichen 8 bis 10 Impulse aus: also 8, 9 oder 0 wählen! Durch dieses Impulsbombardement schaltet T1, und das Relais zieht solange an, wie die Spannung über C3 ausreicht, T1 durchzusteuern.

Nun liegen 24 V Wechselstrom auf der Telefonleitung, und alle angeschlossenen (daher nicht abgehobenen) Telefone klingeln oder piepsen Hongkong-Tralala. Nach ein paar Sekunden fällt das Relais ab, und es kehrt Ruhe im Haus ein.

Jetzt müssen Sie nur noch Kodezahlen vergeben. Etwa so: Wenn beispielsweise die Tochter regelmäßig die Essenszeiten verpaßt, wählen Sie dreimal hintereinander die „0". Es klingelt oder piepst dreimal auf allen anderen angeschlossenen Telefonen. Nach diesem Geheimkode sollte das Mädel genau wissen, daß das Essen langsam kalt wird!

Die Klingeldauer läßt sich individuell mit R3 einstellen. Anfangs setzt man dazu ein Poti anstelle des Festwiderstandes ein und wählt eine beliebige Piepsdauer. Das Poti wird ausgebaut, der Widerstand ausgemessen und ein entsprechender Festwiderstand dann eingebaut.

Trotz Geheimkode sollten Sie aber keine Geheimnisse über die Anlage besprechen. Da jeder abheben kann (Konferenzschaltung), hört auch jedermann mit. Bei so einer Konferenz mit 4 Gesprächspartnern kommt der Festspannungsregler schon etwas in Temperaturbedrängnis: er liefert maximal 1000 mA (Kühlblech). Widerstand R8 ist noch schlechter dran. Er wird dann sehr heiß; ein Drahtwiderstand mit 2 Watt Durchhaltevermögen ist sehr empfehlenswert.

Ein Hongkong-Telefon hat meist folgende Innenschaltung: Zwei Chips teilen sich die Arbeit. Der Tastaturchip sorgt neben der Überwachung der zwölf Tasten zusätzlich für die richtige Impulswahl. Je nach Chip sind weitere Funktionen wie Kurzwahl, Wahlwiederholung oder Nummernspeicher vorhanden. Ein Quarzoszillator liefert den genauen Takt. Während des Wählens ist die eingebaute Signalunterdrückung aktiv. Das zweite Chip (Sprechkreis) wird durch das aktive MUTE-Signal stumm geschaltet. In diesem Chip finden sich Mikrofon- und Lautsprecherverstärker, Klingelsignal-Auswertung und je nach Ausführung Melodie- oder Tongeneratoren. Beim Besprechen verändert sich der Innenwiderstand zwischen den Punkten 13 und 14, hierdurch wird das Sprachsignal auf die Gleichspannung führende Anschlußleitung aufmoduliert. Weitere elektronische Maßnahmen sorgen dafür, daß das aufgesprochene Signal im eigenen Apparat kaum hörbar wird.

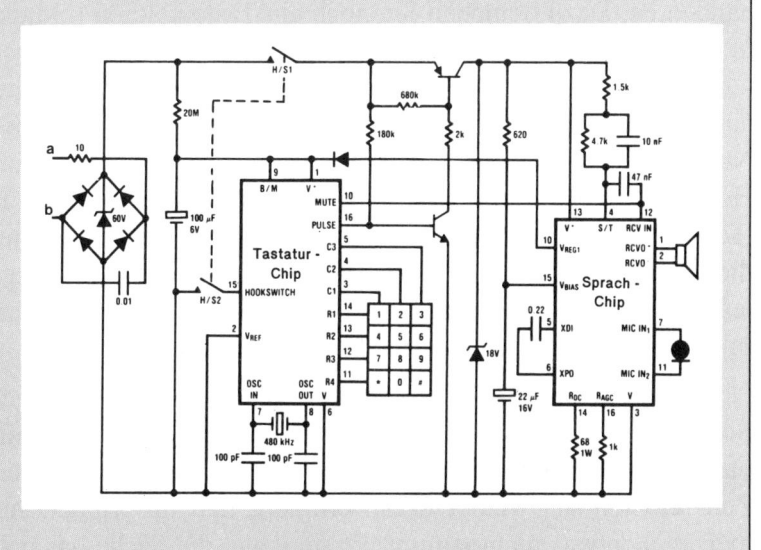

5.4 Baby-Telefon

Verantwortliche Eltern sorgen sich um ihr Baby, bei Tag und Nacht sowie in allen Lebenslagen. Wenn das zutrifft, und davon gehen wir aus, ist das Baby-Telefon genau das Richtige. Damit also der Fürsorgepflicht für die „lieben Kleinen" Genüge getan ist, überwacht man sie einfach aus der Ferne. Nicht telepathisch, sondern telefonisch. Voraussetzung ist eine Haustelefonanlage (beispielsweise die aus diesem Kapitel). Die notwendige Zusatzschaltung, das Baby-Telefon, bauen Sie nach der folgenden Anleitung. Und Sie wissen jederzeit, wie es um den Geräuschpegel im Kinderbett bestellt ist.

Hongkong macht's möglich!

Gehen wir also davon aus, daß eine Haustelefonanlage vorhanden ist. Dazu brauchen Sie noch ein Tastentelefon („Made in Hongkong") mit Speichermöglichkeit der letzten Nummer („redial"). Diese Möglichkeit muß unbedingt vorhanden sein, damit dem „Babysitter" mitgeteilt werden kann, unter welcher Nummer man zu erreichen ist. Haben Sie zum Beispiel im Hobbykeller die Nummer 3, dann wird dem „Babysitter" einfach die Zahl 3 eingegeben. Gibt's irgendwelche Probleme, die durch Geschrei kundgetan werden, dann wählt das Babytelefon automatisch die programmierte Nummer, das Telefon im Hobbykeller läutet, und Sie hören die „Bescherung".

Gleich eine Warnung: Das Baby-Telefon ist eine Nervensäge! Sollten Sie also das Bedürfnis haben, schnell noch eben ein paar Löcher zu bohren, dann werden Sie nach einer gewissen Zeit (einstellbar) wieder daran erinnert, daß im Kinderzimmer irgendetwas nicht stimmt. Es sei denn, die Sache hat sich inzwischen dadurch erledigt, daß der Sprößling sich wieder beruhigt hat. Andererseits haben wir die Schaltung aber auch so ausgelegt, daß die Leitung nach dem Anruf wieder frei wird, und das Geschrei, oder was immer es sein mag, schon etwa eine Minute lang ununterbrochen dauern muß, bevor der elektronische Babysitter aktiv wird.

Die Schaltung

In Bild 1 ist das „Innenleben" des Baby-Telefons zu sehen. Auf der rechten Seite befindet sich der Geräuschdetektor mit Redial-Relais. Links erkennt man den Wiedergabeteil mit der Schaltung, die „den Hörer von der Gabel nimmt". Dazu kommt noch ein Teiler-IC mit internem Oszillator, das die Wartezeiten zwischen zwei Anrufen festlegt.

Es ist natürlich klar, daß sich das Mikrofon des Geräuschdetektors so nah wie möglich an der Geräuschquelle befinden muß. Achten Sie aber bitte darauf, daß der Sprößling das Mikrofon nicht als Spielzeug (miß)brauchen kann. Andererseits muß der Lautsprecher des Wiedergabeteils dicht neben dem Mikrofon des Telefons sitzen.

Im einzelnen funktioniert die Sache folgendermaßen: Solange der Geräuschdetektor nur kurze Signale entdeckt, beispielsweise Husten, werden die Geräusche zwar vom Lautsprecher wiedergegeben, doch passiert nichts weiter. Der Komparator A2 wird zwar Triggerimpulse an MMV1 geben, so daß dieses Monoflop auch „anzieht". Aber erst nach 68 Sekunden (R12 · C6), wenn MMV1 wieder „abfällt", und der D-Eingang vom FF1 weiter „1" ist, erscheint am Q-Ausgang von Flipflop 1 der entscheidende Schaltimpuls für das Redial-Relais.

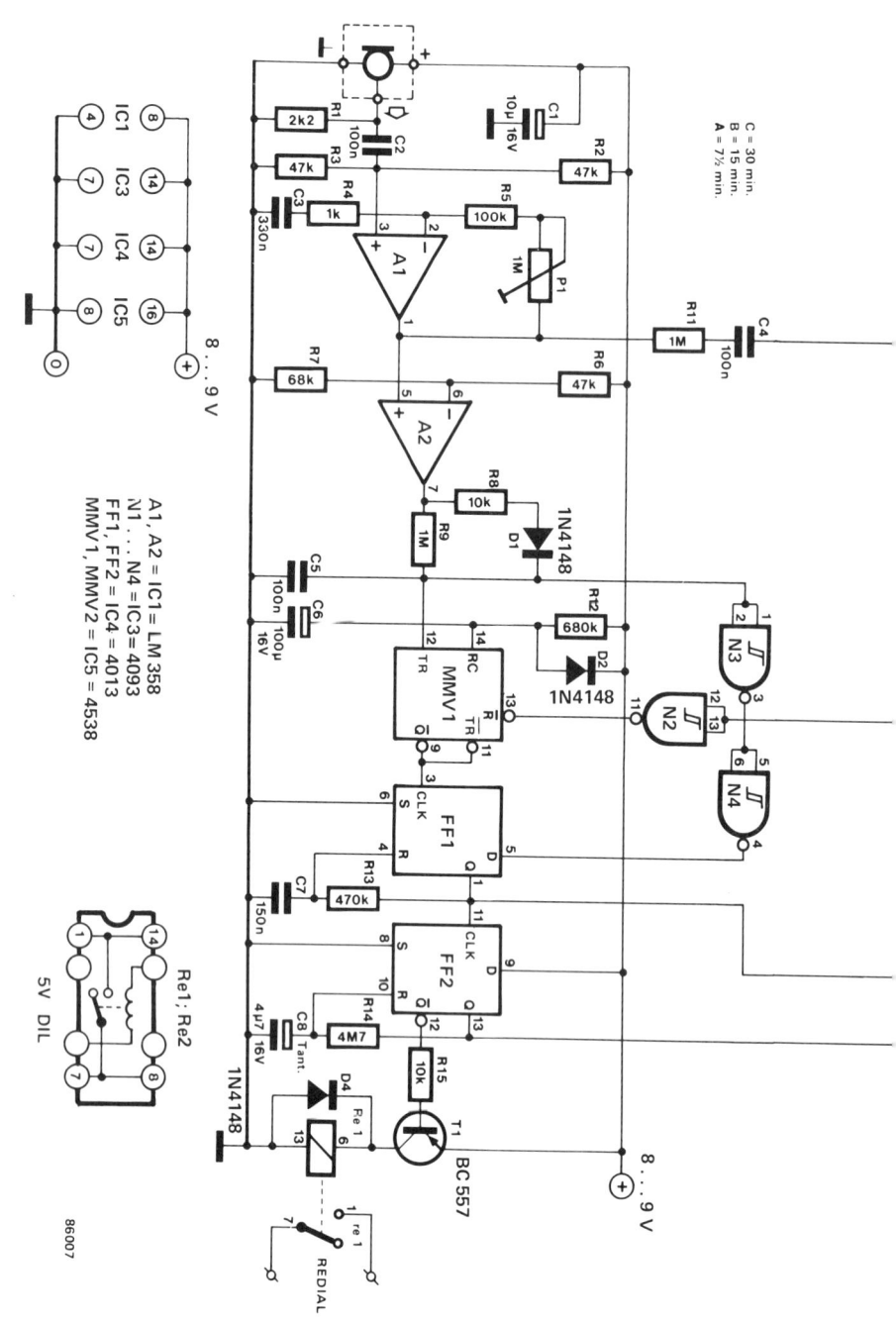

Bild 1. Die Schaltung des Baby-Telefons. Das ...

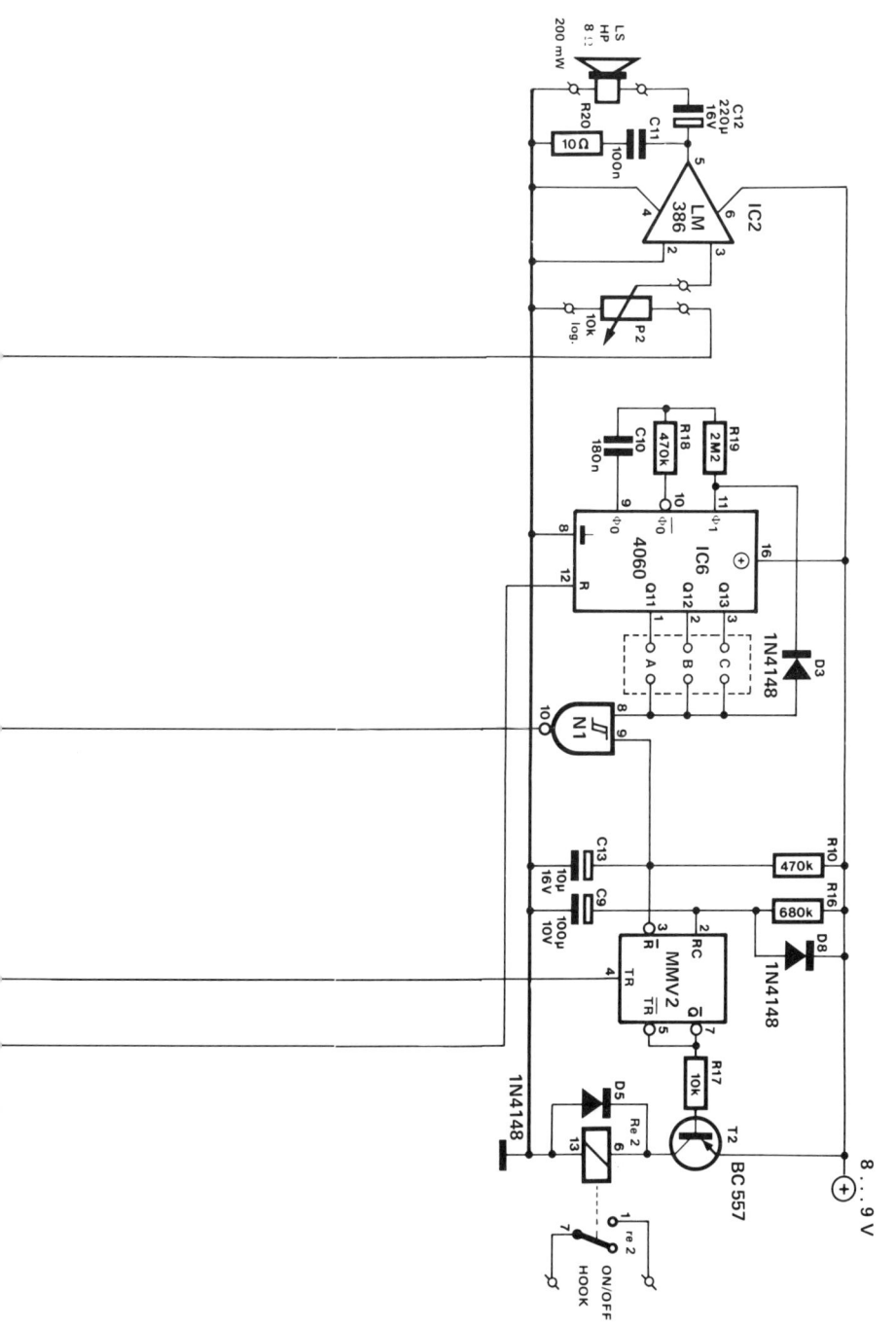

...*eigentliche Tastentelefon wird von zwei Relais bedient.*

Dieser Impuls hat mehrere Funktionen: Er setzt FF1 nach 70 ms (R13 · C7) wieder zurück, damit der Q-Ausgang wieder „0" wird. Dann liefert er den Taktimpuls für FF2, das hier praktisch als Monoflop mit einer Kippzeit von 22 Sekunden (R14 · C8) geschaltet ist. Das Redial-Relais Rel1 bleibt also über den $\overline{Q}$-Ausgang von FF2 und T1 ungefähr 22 s lang angezogen. Schließlich sorgt der Schaltimpuls dafür, daß „der Hörer von der Gabel genommen wird". Das geschieht über MMV2; dieses Monoflop wird nämlich mit FF2 getriggert, so daß Re2 anzieht (über T2). Das Relais bleibt ungefähr 68 s (R16 · C9) angezogen. Also wird die Leitung zum Kinderzimmer nach etwa einer Minute wieder getrennt. Andere Zeiten kann man mit anderen Werten für R16 und/oder C9 einstellen.

Wie bereits erwähnt, wird der elektronische Babysitter nicht gleich dann wieder aktiv, wenn der Hörer wieder aufliegt. FF2 gibt nämlich gleichzeitig mit der „Bedienung" des Redial-Relais einen Rücksetzimpuls für den Zähler IC6 (ein 14-bit-Binärzähler). Der legt los und blockiert erst einmal MMV1 über die beiden Gatter N1 und N2. Wird einer der drei Ausgänge Q11, Q12 oder Q13 nach $7\,^{1}/_{2}$, 15 oder 30 Minuten logisch 1, dann wird MMV1 wieder freigegeben. Danach kann ein neuer Wählimpuls erzeugt werden. Die Zeit kann man selbst dadurch wählen, daß eine der Drahtbrücken A, B oder C gelegt wird. Gibt's im Kinderzimmer kein „trouble" mehr, dann passiert natürlich nach Ablauf dieser „Schonzeit" nichts mehr, weil die Triggerimpulse ausbleiben.

R10 und C13 bilden ein „Power up reset". Das bedeutet: Beim Einschalten des Baby-Telefons wird zunächst einmal verhindert, daß die programmierte Nummer angerufen wird. C13 ist beim Einschalten der Betriebsspannung noch ungeladen, so daß Eingang 9 von N1 logisch 0 ist. Damit ist dann auch MMV1 blockiert. Erst nachdem C13 so weit aufgeladen ist, daß eine logische 1 am Eingang 9 von N1 erscheint, wird MMV1 freigegeben. Die gleichen Überlegungen gelten natürlich auch für MMV2, da der Reset-Eingang dieses Monoflops ebenfalls am „Power up reset" liegt.

Aufbau und Abgleich

Um gleich mit dem Zweiten zu beginnen: Das einzige „Abgleichelement" ist eigentlich Trimmpoti P1. Damit wird die Verstärkung des Geräuschdetektors A1 eingestellt.

Im Grunde genommen geht's sowohl bei der Einstellung von P1 als auch bei der von P2 um den Abgleich der Empfindlichkeit. Das ist einerseits Geschmackssache, andererseits aber auch eine Frage der Verhältnisse im Kinderzimmer. Für A1 gilt: Die Verstärkung darf nicht zu klein sein, damit ein verdächtiges Geräusch auch sicher entdeckt wird. Und die Verstärkung darf auch nicht zu groß sein, damit Komparator A2 und Verstärker IC2 nicht auf jedes „Flöhehusten" reagieren. Beim Abgleich ist also etwas Fingerspitzengefühl vonnöten.

Der Aufbau ist mit der in Bild 2 dargestellten Platine kein Problem. Das Tastentelefon muß mit zwei Buchsen ausgestattet werden: eine für den Anschluß des Redial-Relais und die andere für den Anschluß des ON/OFF-HOOK-Relais. Auf der Platine, die beim Öffnen des Apparats zum Vorschein kommt, muß man nach den Anschlußpunkten der Taste mit dem Doppelkreuz (Redial) suchen. Von dort werden zwei Leitungen an die entsprechende Buchse gelegt. Die beiden Anschlußpunkte für die ON/OFF-HOOK-Taste befinden sich in der Nähe des Mikrofons im Apparat. Von dort werden zwei Leitungen zu der anderen Buchse geführt. Übrigens: Die Befestigungsschrauben der Hongkong-Telefone sind in einigen Fällen unter dem Typenschild verborgen.

Über das Gehäuse für das Baby-Telefon möchten wir uns hier nicht auslassen. Das ist nicht kritisch und hängt wieder vom Geschmack und den „Verhältnissen" ab.

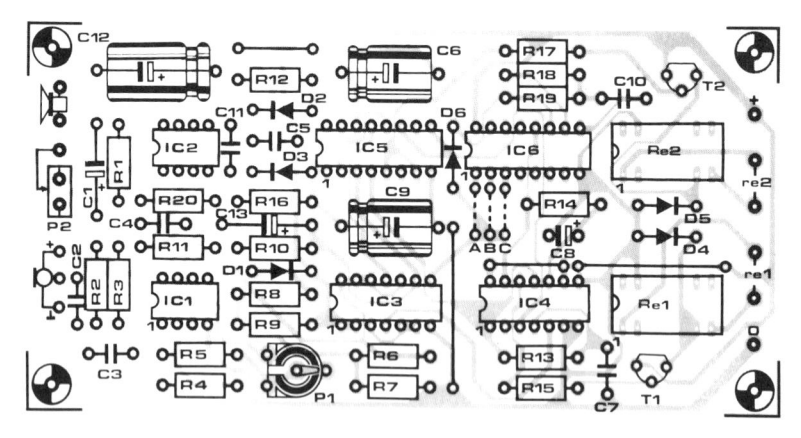

Bild 2. Die Platine für das Baby-Telefon (Layout im Anhang). Das Mikrofon wird mit zwei ausreichend langen Leitungen zum Kinderbett versehen. Der Lautsprecher muß so nahe wie möglich am Telefonhörer sein.

Schließlich noch ein Wort zur Stromaufnahme. Im Ruhezustand konsumiert die Schaltung nur etwa 10 mA. Man kommt also mit zwei in Reihe geschalteten 4,5-V-Flachbatterien einige Zeit lang hin. Eine gelegentliche Überprüfung der Batteriekapazität sollte man aber doch nicht ganz vergessen.

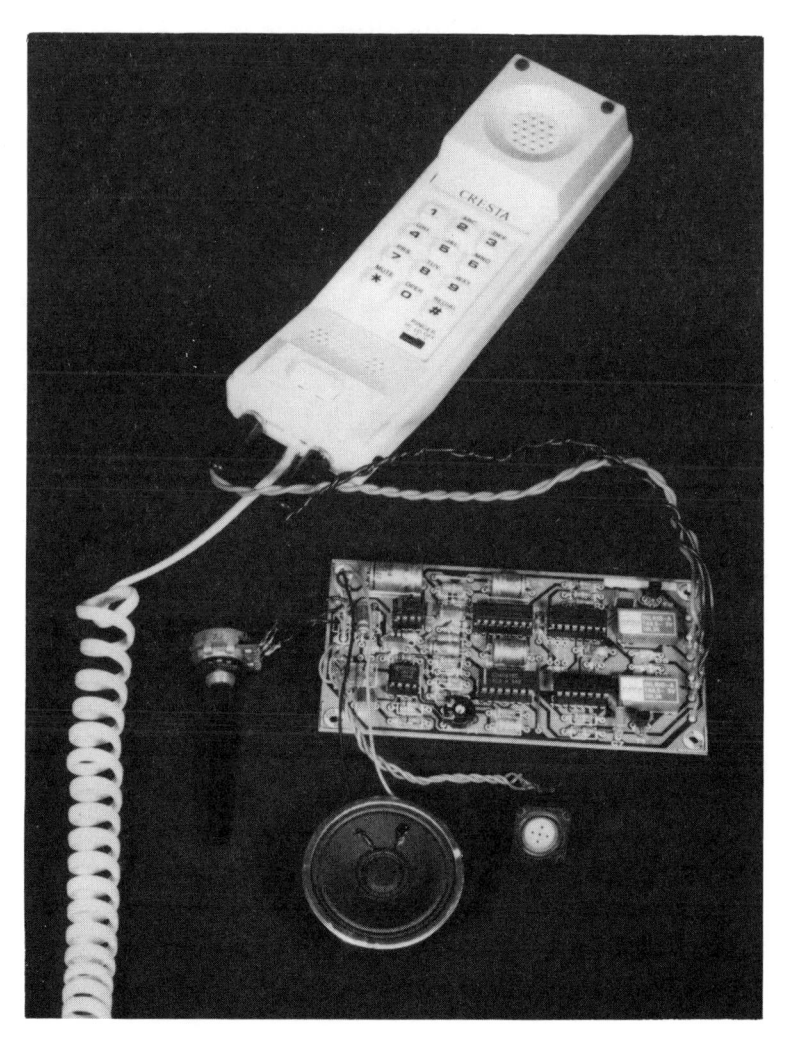

Bild 3. Hier kann man erkennen, wo die beiden Anschlußbuchsen im Tastentelefon untergebracht werden können. Die Relaiskontakte werden mit diesen Buchsen verbunden.

Stückliste

Widerstände:
R1 = 2k2
R2, R3, R6 = 47 k
R4 = 1 k
R5 = 100 k
R7 = 68k
R8, R15, R17 = 10 k
R9, R11 = 1 M
R10, R13, R18 = 470 k
R12, R16 = 680 k
R14 = 4 M7
R19 = 2M2
R20 = 10 Ω
P1 = 1-M-Trimmpoti
P2 = 10-k-Poti log.

Kondensatoren:
C1, C13 = 10μ/16 V
C2, C4, C5, C11 = 100 n
C3 = 330 n
C6, C9 = 100 μ/16 V
C7 = 150 n

C8 = 4μ7/16 V Tantal
C10 = 180 n
C12 = 220 μ/16 V

Halbleiter:
D1 ... D6 = 1N4148
T1,T2 = BC557
IC1 = LM358
IC2 = LM386
IC3 = 4093
IC4 = 4013
IC5 = 4538
IC6 = 4060

außerdem:
LS = Lautsprecher 8 Ω/0,2 W
Re1, Re2 = DIL-Relais 5 V
(1 Arbeitskontakt)
Elektret-Mikrofon(kapsel)
„Hongkong-Telefon"

5.5 Low-Cost-Haustelefon

Gregor Kleine

Wer einen Hobbykeller sein eigen nennt oder unter dem Dach ein Stübchen eingerichtet hat, wird die Vorzüge einer häuslichen Kommunikationsanlage bald zu schätzen wissen. Mit spottbilligen Hongkong-Telefonen oder ausgemusterten Postapparaten stehen preiswerte „Endgeräte" zur Verfügung. Für die richtige Verbindung sorgt die hier vorgestellte Schaltung, die in den meisten Fällen völlig ausreichen dürfte.

Die Schaltung *Low-Cost-Haustelefon* besteht hauptsächlich aus drei Relais, die die verschiedenen Zustände steuern, in denen sich die „Telefonsprechanlage" befinden kann. Da es sich um eine einfache Verbindung von A nach B handelt, kann man die Wähleinrichtung (Kontakte nsi und nsa) getrost vergessen. Es reicht, wenn beim Abheben des einen Hörers das andere Telefon klingelt, beim Abheben des zweiten Hörers das Klingeln aufhört und ein Gespräch möglich ist, sowie beim Auflegen eines der beiden Apparate der andere nicht klingelt. Dabei ist eine einfache Erweiterung möglich, indem man auf jeder Seite je zwei (oder eventuell auch drei!) Apparate parallel schaltet und so z. B. eine Verbindung von zwei Räumen im 1. Stock mit zwei Räumen zu ebener Erde herstellen kann.

Ein Gespräch: Fünf Zustände

Um zu verstehen, wie die neun Kontakte der drei Relais zusammenwirken, sollte man sich die einzelnen Phasen eines Telefongespräches genauer anschauen. Wir gehen von zwei angeschlossenen Apparaten aus, bei mehreren parallel angeschlossenen Telefonen funktioniert's genauso, es liegen im Ruhezustand nur die „Wecker" (Klingeln) parallel, aktiv wird nur das Telefon, das abgehoben wird (Gabelkontakt schließt), während die anderen im Ruhezustand verharren, d. h., durch geöffneten Gabelkontakt abgeschaltet sind.

❐ Zunächst liegen beide Hörer auf; die Schaltung befindet sich im Ruhezustand. Alle Relais sind abgefallen.

❐ Sobald nun z. B. Telefon 1 abgehoben wird, entsteht, wie in Bild 1 zu sehen ist, über den 100-Ω-Widerstand im Telefon eine niederohmige Verbindung zwischen den Klemmen a1 und b1 in der Schaltung in Bild 2. Damit zieht das Relais 1 an und schaltet die Klingel- (oder Wecker-)Spannung an Telefon 2 an, denn der Wechselstromkreis ist über die

Kontakte re3a, re2a und re1a und C2 geschlossen. Es klingelt, bis Telefon 1 wieder aufgelegt oder
❐ Telefonhörer 2 aufgenommen wird. Dann zieht auch Relais 2 an: C2 liegt jetzt über re1a und re2a zwischen den beiden *heißen* Anschlüssen des Telefons und stellt so die Sprechverbindung her. Die Relaiswicklungen und die Vorschaltwiderstände stellen jetzt nur noch Arbeitswiderstände für die beiden Sprechstromkreise dar.

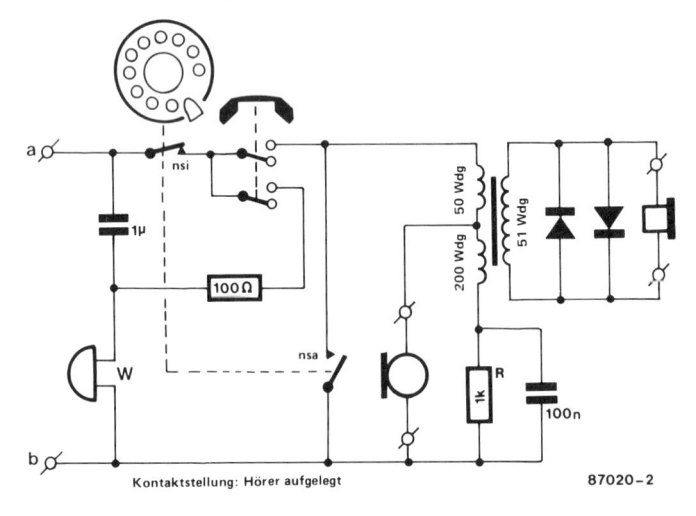

Bild 1. So sieht die Schaltung eines Telefonapparates aus (Typ 611).

Interessantes passiert jetzt mit dem dritten Relais. Über die Reihenschaltung der Kontakte re1c, re3c, re3b und re2c wird die Relaisspule mit Masse verbunden; es zieht an und unterbricht damit oben beschriebenen Wechselstromkreis, der für das Klingeln verantwortlich ist. Beim Abnehmen der Hörer schaltet re1b bzw. re2b den Siebkondensator C1 von den Katoden der Gleichrichterdioden D1 und D2 nach Masse, um ein starkes Brummen beim Sprechen zu unterdrücken.

❐ Gleichzeitig verwandeln re3b und re3c die Reihenschaltung der vier Kontakte in eine Parallelschaltung, so daß Re3 erst dann wieder abfällt, wenn *beide* Hörer wieder aufgelegt sind. C3 sorgt dafür, daß im Moment des Wechsels von Reihen- nach Parallelschaltung Re3 nicht abfällt. Damit ist das Ziel erreicht, ein Klingeln zu verhindern,

❒ wenn ein Teilnehmer auflegt. Das Relais bleibt über eine der beiden Masseverbindungen aktiv.

Sind beide Hörer aufgelegt, befindet sich die Schaltung wieder im zuerst beschriebenen Ruhezustand. Im Schaltplan sind alle Relaiskontakte im Ruhezustand gezeichnet und zwar so, daß sie sich bei Aktivierung von rechts nach links bewegen.

Neben diesen Elementarfunktionen hat unsere Schaltung noch ein zusätzliches Feature zu bieten, nämlich eine Zustandsanzeige per LED. Während D5 das Vorhandensein der Betriebsspannung signalisiert, leuchtet D6, wenn mindestens ein Teilnehmer abgehoben hat. Nach einem Gespräch erlischt D6 ziemlich langsam, da sie auch die Aufgabe hat, C1 zu entladen.

Auf- und Einbau

Wenn schon die Telefone nicht viel kosten, können auch für die Relais preiswerte Restposten oder Vorräte aus der Bastelkiste verwendet werden. Hauptsache, die nominelle Spulen(gleich)spannung bewegt sich zwischen 12 V und 36 V. Auf der Kontaktseite müssen mindestens bei Re1 und Re2 ein Umschalter und zwei Schließer, bei Re3 zwei Umschalter und ein Öffner vorhanden sein. Sollten die Relais nicht auf die Platine passen, schaden kurze Drahtstückchen zur Verbindung überhaupt nicht. Je nach Spulendaten müssen die Vorwiderstände R3, R4 und R5 neu berechnet werden. Der Wert von 470 Ω/1 W ist für eine nominelle Spulenspannung von 24 V bei einem Spulenwiderstand von 600 Ω dimensioniert. Wenn Sie noch einige passende Relais oder einen Trafo mit einer Sekundärspannung von 33...40 V oder einer höheren maximalen Leistung zur Verfügung haben, soll deren Verwendung nicht an einer fehlenden Formel scheitern. Als Beispiel hier

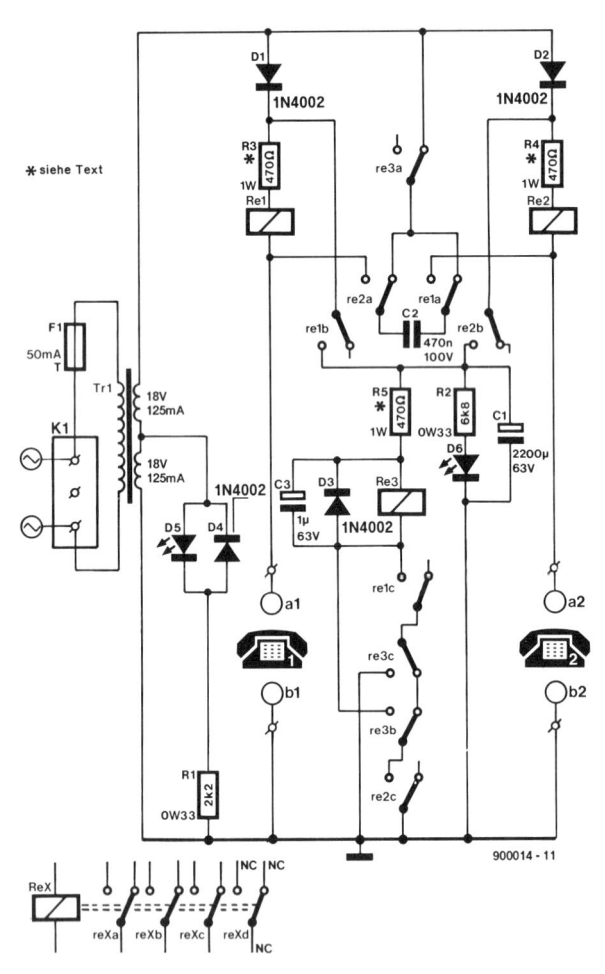

Bild 2. Die Schaltung der Haustelefonanlage für zwei bis vier Teilnehmer. Bei vier Apparaten werden jeweils zwei parallelgeschaltet.

der Weg zur angegebenen Dimensionierung. Elko C1 kann sich bei einem 36-V-Trafo auf folgende Spannung aufladen:

$$U_b = \sqrt{2} \cdot U_{sec} - U_D = \sqrt{2} \cdot 36\,\text{V} - 0,7\,\text{V} = 50\,\text{V}$$

Da der verwendete Trafo laut Stückliste nur 2 · 2,25 VA leistet, sinkt bei einer Last von etwa 33 % der Nennleistung (ein Relais angezogen) die gleichgerichtete Sekundärspannung auf 45 V. Dieser Wert weicht bei Verwendung eines anderen Trafos natürlich ab und muß bei Belastung ermittelt (gemessen) werden.

Der Strom, der durch die Spule eines Relais fließt, ergibt sich aus dem Nennwert für die Spulenspannung U_R und dem Spulenwiderstand R_R, also bei dem 24 V/600 Ω-Relais:

$$I_R = \frac{U_R}{R_R} = \frac{24\,\text{V}}{600\,\Omega} = 40\,\text{m A}$$

Am Vorwiderstand R_v muß bei diesem Strom genau die Differenz zwischen der Nennspannung des Relais und der Spannung an C1 (U_b) abfallen. Dann ist

$$R_v = \frac{(U_b - U_R)}{I_R} = \frac{(45\,\text{V} - 24\,\text{V})}{40\,\text{m A}} = 525\,\Omega$$

Die Verlustleistung, die der Vorwiderstand *verheizen* muß, ist

$$P_{RV} = I_{R2} \cdot R_v = (0,04 A)^2 \cdot 525\Omega = 0,84\,\text{W}$$

Damit die Relais auch sicher anziehen, kann der nächstkleinere Normwert aus der E-12-Reihe gewählt werden, hier also 470 Ω.

Da die Trafospannung gleichzeitig auch die Klingelspannung für die Telefone darstellt, darf sie auch bei Anpassung von R_v (= R3, R4, R5) um nicht mehr als etwa ±10 % vom angegebenen Wert (36 V) abweichen.

Eine bestückte Platine, auf der sich alle benötigten Bauteile befinden, sollte in ein geschlossenes Kunststoffgehäuse eingebaut sein. Ein Netzschalter kann bei Dauerbetrieb entfallen, das Netzkabel muß aber mit einer Zugentlastung versehen werden. Die Telefone können beispielsweise mit von außen an das Gehäuse geschraubte Lüsterklemmen oder über 3,5-mm-Niederspannungsbuchsen angeschlossen werden, wenn man nicht gleich die handelsüblichen Telefonsteckverbinder verwendet.

Stückliste

Widerstände:
R1 = 2k2/0,3 W
R2 = 6k8/0,3 W
R3 ... R5 = 470 Ω/1 W*

Kondensatoren: C1 = 2200 μ/63 V
C2 = 470 n/100 V
C3 = 1 μ/63 V

Halbleiter:
D1 ... D4 = 1N4002
D5 = LED 5 mm rot
D6 = LED 5 mm grün

außerdem:
Re1, Re2 = Relais 12...36 V DC, 1 Umschalter, 2 Schließer
Re3 = Relais 12...36 V DC, 2 Umschalter, 1 Schließer
K1 = 3polige Lüsterklemmen für Printmontage
F1 = Sicherung 50 mA träge mit Platinensicherungshalter
Tr1 = Printtrafo 2 x 18 V, 2 x 125 mA (Block VR 4,5/2/18)

6. Etwas Schnickschnack drum herum

Zusatzeinrichtungen für's Telefon gibt es heutzutage en masse. Es gibt sie direkt bei der TELECOM und nach dem Liberalisierungsgesetz durch den Bundespostminister auch im freien Handel. Es ist klar, daß die Geräte, auch wenn man sie nicht direkt bei der TELECOM mietet oder käuflich erwirbt, zugelassen sein müssen. Klar ist auch, daß derartige Zusatzgeräte nicht gerade preiswert sind. Wer also „fünfe gerade sein läßt", der kann es billiger haben, wenn er selbst Hand anlegt.

6.1 Tel-Amp

„Ruf doch mal wieder an" — das war lange Zeit ein bekannter Werbeslogan der Bundespost. „Laß mal wieder von Dir hören" — ist häufig der Schlußsatz in einem Telefongespräch. Wenn sie oder er dann von sich hören läßt, möchte mancher direkt mitlauschen. Kein Problem — mit dem Tel-Amp!

119

Es gibt natürlich Fälle, in denen man keinen Verstärker braucht. Manche Anrufer haben eine derart kräftige Stimme am Telefon, als wollten sie die geografische Entfernung mit der Vor-Bellschen-Methode überbrücken (Bell = Erfinder des Telefons). Mit anderen Worten: Ein Telefon-Mithörverstärker ist in solchen Fällen vollkommen überflüssig. In einem Umkreis von einigen Metern versteht sowieso jeder, was der Mitmensch am anderen Ende der Leitung sagt.

Aber das sind Ausnahmen. Also muß ein Telefon-Mithörverstärker her. Den gibt es entweder direkt integriert im entsprechenden Telefonapparat (gegen Aufpreis versteht sich) oder als Zusatzgerätchen, das man leicht selbst bauen kann. Die Sache ist recht einfach: Es handelt sich um einen Leistungsverstärker, einen Lautsprecher, eine Aufnahmespule und eine Batterie. Die Schaltung nimmt über die Spule die relativ kleinen Telefonsignale auf, verstärkt sie und gibt sie an den Lautsprecher weiter.

Die Aufnahmespule registriert Veränderungen des magnetischen Feldes, das durch die stromdurchflossenen Leitungen im Telefonapparat und im Hörer entsteht. Auf diese Weise ist der Mithörverstärker sozusagen drahtlos mit dem Telefon gekoppelt.

Die Schaltung des Mithörverstärkers (Bild 1) enthält nur eine Handvoll von Bauteilen. Die Aufnehmerspule ist mit L1 bezeichnet. Sie ist ein speziell für solche Zwecke konstruierter Typ mit einem vergossenem Kunststoffgehäuse mit aufgesetztem Saugnapf.

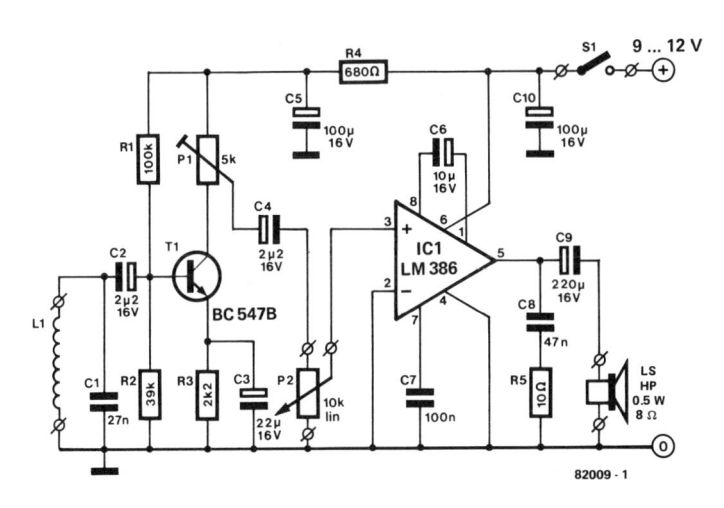

Bild 1. Die Schaltung des Tel-Amp besteht im wesentlichen aus der Vorstufe mit Aufnehmerspule und dem Endverstärker mit IC1.

In der Spule wird nur eine sehr kleine Wechselspannung induziert. Deshalb ist eine Verstärkung mittels T1 und IC1 vonnöten, um überhaupt etwas aus dem Lautsprecher hören zu können. Man erkennt zwei Einstellmöglichkeiten der Lautstärke: zum einen mit Poti P1 (maximale Lautstärke) und zum anderen die kontinuierliche Einstellung mit P2.

Damit der Aufbau relativ leicht bleibt, gibt es in Bild 2 einen Bestückungsplan und das Layout zum Selbermachen im Anhang. Außer Lautsprecher, Spule und Batterie haben alle Bauteile auf der Platine Platz. Mit den Abmessungen ergibt sich einschließlich Gehäuse ein handliches Gerätchen. Statt der Batterie ist natürlich auch die Stromversorgung über ein Netzteil möglich; allerdings können dann Probleme mit dem Netzbrumm auftreten.

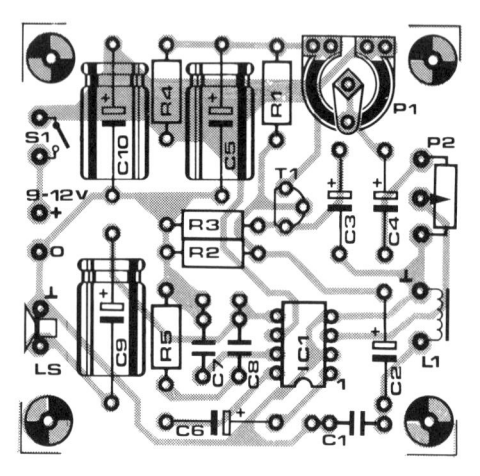

Bild 2. Die Bestückung der Platine wirft keine Probleme auf. Wer keine Platine ätzen möchte, kann die paar Bauteile auch leicht auf einer Lochrasterplatte unterbringen.

Hält man sich an die Stückliste und den Bestückungsplan, ist der Nachbau nicht schwierig. Etwas problematischer wird die Suche nach der richtigen Plazierung der Spule. Der beste Platz ist unter dem Apparat. In diesem Fall braucht das Telefon allerdings einen Sockel von etwa 3 cm Höhe. Eine andere Möglichkeit ist die Plazierung am Hörer in Höhe der Hörkapsel. Allerdings braucht man dann eine längere Anschlußleitung zur Schaltung, die darüberhinaus sehr flexibel sein muß. Ein bißchen Probieren ist nicht zu vermeiden. In der optimalen Spulenposition muß sich auch die größte Lautstärke ergeben. Zum Abgleich werden P1 und P2 zunächst auf maximale Lautstärke eingestellt. Man wird in diesem Fall eine Art Echo und ein unangenehmes Pfeifen hören. P1 dreht man soweit zurück, bis dieses Phänomen verschwindet. Damit ist der Abgleich beendet.

Stückliste

Widerstände:
R1 = 100 k
R2 = 39 k
R3 = 2k2
R4 = 680 Ω
R5 = 10 Ω
P1 = 5-k-Trimmpoti
P2 = 10-k-Poti lin.

Kondensatoren:
C1 = 27 n
C2, C4 = 2µ2/16 V
C3 = 22 µ/16 V
C5, C10 = 100 µ/16 V
C6 = 10 µ/16 V
C7 = 100 n
C8 = 47 n
C9 = 220 µ/16 V

Halbleiter:
T1 = BC547B
IC1 = LM386

außerdem:
L1 = Telefon-Adapterspule mit Saugnapf
S1 = Ein/Aus-Schalter
LS = Mini-Lautsprecher 8 Ω/0,5 W
9-V-Kompaktbatterie mit Anschlußclip
Klinkenbuchse 3,5 mm Ø

6.2 Telefon-Anruf-Beantworter

Auch wenn Selbstgebautes von der Post nur an der privaten Hausanlage toleriert wird: Hier ist eine vollständige Schaltung, die man ohne weiteres mit Standard-Bauteilen nachbauen kann. Außerdem ist es interessant zu sehen, wie so eine Beantworter-Steuerelektronik funktioniert — Anregungen für eigene Entwicklungen findet man immer.

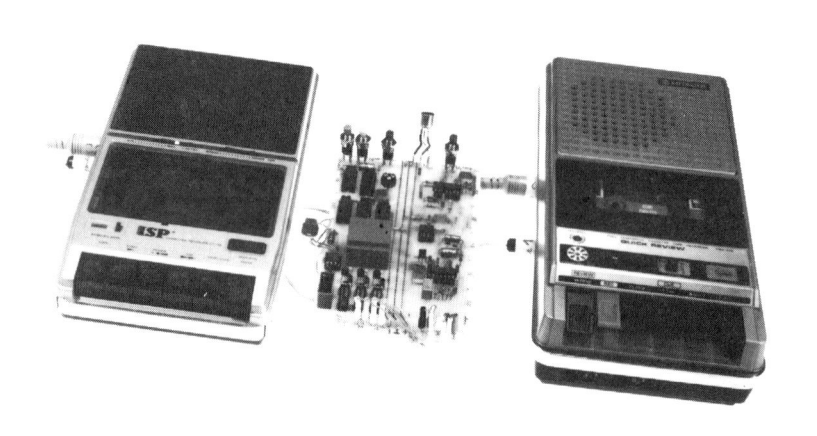

Die Steuerelektronik benötigt zum Steuern zwei Kassettenrekorder oder Kassetten-Laufwerke mit Aufnahme/Wiedergabe-Elektronik. Der eine Rekorder (im folgenden „Rekorder 1" genannt) sorgt für die Ansage mit der Mitteilung, daß nach dem Pfeifton für eine bestimmte (einstellbare) Zeit eine Nachricht aufgenommen werden kann. Rekorder 2 übernimmt diese Aufnahme. Für die Ansage wird Rekorder 1 mit einer Endloskassette bestückt, Rekorder 2 nimmt auf einer normalen Kassette auf.

Analog und Digital

Opamps, Gatter und Flipflops bestimmen im wesentlichen das Erscheinungsbild der Schaltung des Anrufbeantworters (Bild 1). Ein bißchen Logik ist schon vonnöten, wenn es Telefon und Kassettenrekorder automatisch zu bedienen gilt. Die Opamps im analogen Teil erzeugen den Pfeifton; sie verstärken auch das ankommende Signal für die Aufnahme der Nachricht und das Mikrofonsignal für das Aufsprechen der Ansage.

Der Pfeifton dient nicht nur als „Startsignal" für den Anrufer, sondern auch als Steuersignal für die Kassettenrekorder. Ein Wienbrückenoszillator mit Opamp A1 erzeugt das nötige „Piep" in Form eines 2-kHz-Sinussignals. Damit wird als erstes das Endlosband vollständig bespielt und danach erst der Ansagetext auf die Endloskassette gesprochen. Der Ansagetext muß etwas kürzer sein als die Laufzeit der Bandschleife, damit zwischen Ende und Wiederanfang der Ansage ein paar Sekunden Pilotton auf dem Band bleiben.

Wenn es klingelt ...

Bei Aufnahmebereitschaft steht das Endlosband am Beginn des Ansagetextes. Wenn nun das parallel zum Anrufbeantworter an die Zweidraht-Fernsprechleitung (Leitungen a und b) angeschlossene Telefon klingelt, so fließt ein Halbwellenstrom über die LED im Optokopler IC8, für Spannungs- und Strombegrenzung sorgen die Z-Dioden D5/D6 bzw. Widerstand R36. Der Fototransistor am Koppler-Ausgang leitet das Signal an den Schmitt-Trigger mit N3 weiter, die Zeitkonstante R34/C15 sorgt für eine Integration, um die Störsicherheit zu erhöhen — N3 schaltet nur bei ausreichender Länge des (Klingel-)Signals und ignoriert kurze Störimpulse. Der durch das Klingeln bewirkte Impuls am Ausgang von N3 setzt einiges in Bewegung:

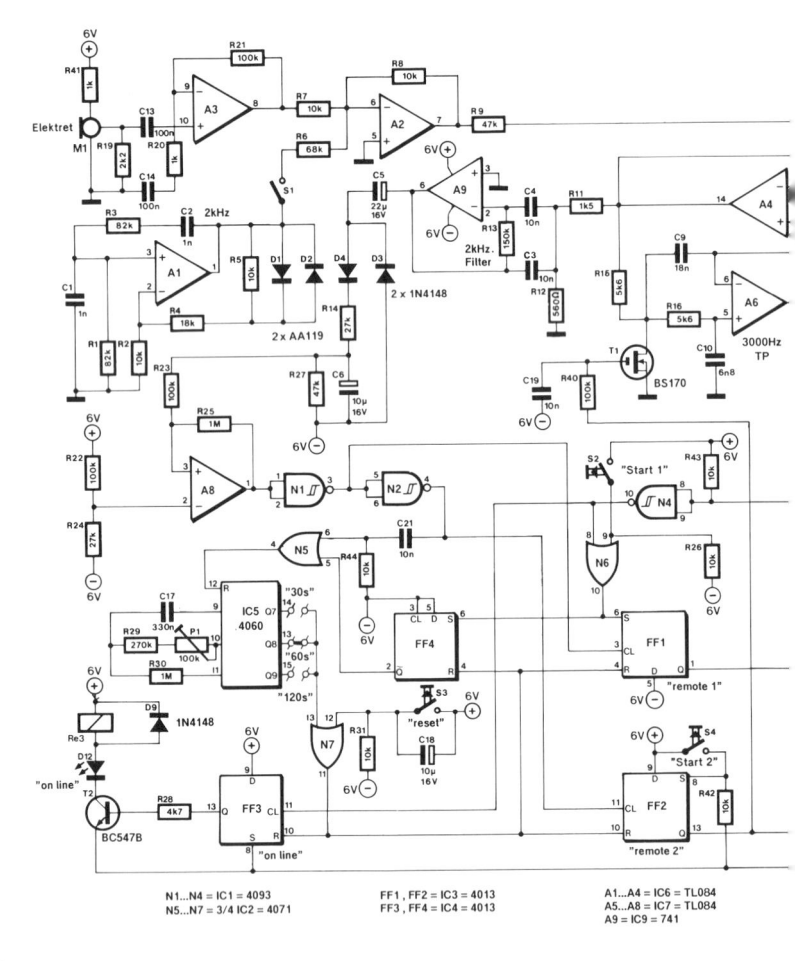

Bild 1. Gesamtschaltung der Steuerelektronik, die in Verbindung mit zwei Kassettenrekordern ...

Über N4 und Flipflop FF3 wird Relais R3 aktiviert, der Re3-Kontakt verbindet den Anrufer (Leitung a und b) mit dem Anrufbeantworter, LED D12 zeigt dies an. Gleichzeitig startet der Klingelimpuls über N4, N6, FF1 und Relais Re1 den Rekorder 1 (remote-1-Kontakt ist geschlossen), so daß die Ansage läuft.

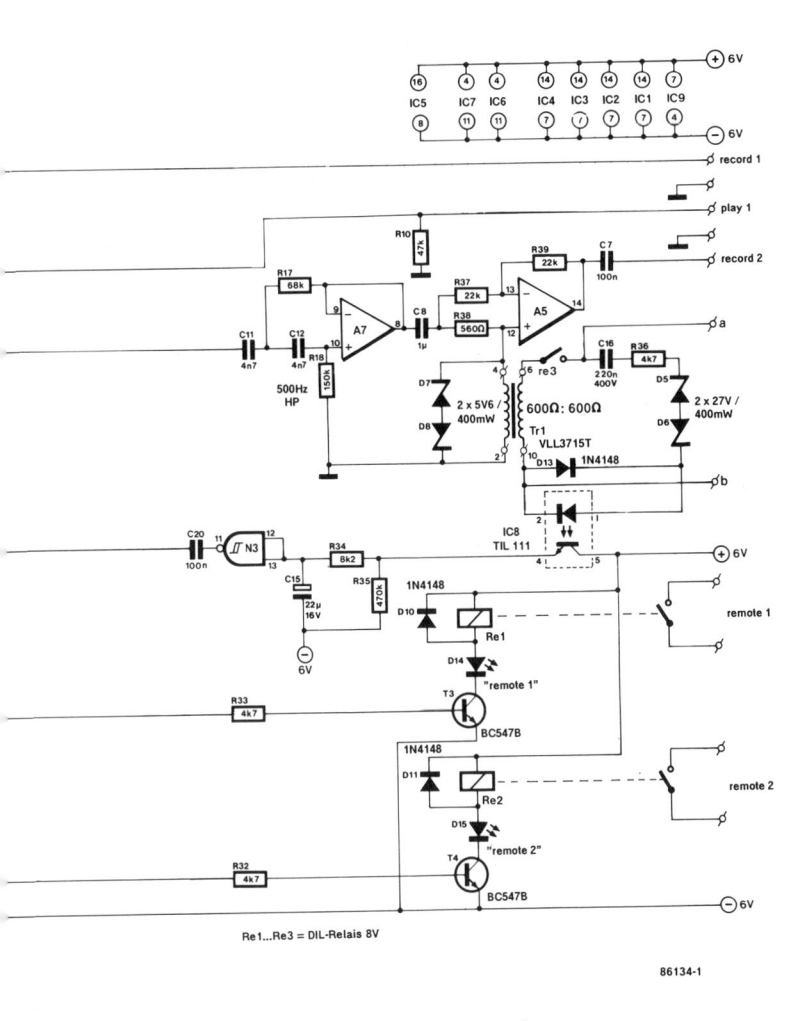

...einen Anrufbeantworter ergibt. Den Übertrager kann man auch aus einem ausgemusterten Telefon ausbauen.

Über FF4 erhält auch der mit einem 4060 (IC5) aufgebaute Zeitschalter sein Startzeichen.

...nach dem Pfeifton

Das Signal vom laufenden Ansage-Rekorder gelangt vom Anschluß „play 1" auf die Pufferstufe mit Opamp A4. Von da aus durchläuft es ein „Sprachfilter" mit A6 als 3-kHz-Tiefpaß und A7 als 500-Hz-Hochpaß, bevor es schließlich über den Telefon-Übertrager Tr1 und die Fernsprechleitung (a/b) dem Anrufer zugespielt wird. Vom Puffer A4 aus gelangt das Ansagesignal aber auch auf eine 2-kHz-Detektorschaltung mit 2-kHz-Filter (A9), Gleichrichter (D3, D4) und Schwellwertschalter (A8). Dieser Detektor reagiert, sobald nach dem Ende des Ansage-Textes der 2-kHz-Ton vom Band kommt und setzt über N1, N2, C21 und N5 den Timer IC5 zurück, der wieder von vorne zu zählen beginnt. Gleichzeitig wird über N2 auch FF2 getaktet, die „1" an seinem Q-Ausgang setzt über T4 und Re2 den Rekorder 2 in Gang und hält mit Hilfe des „Mute"-Transistors T1 weiteres Pfeifen von der Telefonleitung fern. Der Anrufer hört also den 2-kHz-Ton nur für eine kurze Zeit, die von der Zeitkonstante im 2-kHz-Detektor (R14/C6) bestimmt wird. Die Aufzeichnung der übermittelten Nachricht durch Rekorder 2 erfolgt über A5 und den Anschluß „record 2". Rekorder 1 läuft derweil noch weiter, solange der 2-kHz-Ton anhält. Ist die Bandschleife einmal durchgelaufen, so fällt der 2-kHz-Ton weg, die Ansage beginnt erneut. Mit dem Ende des Tons vom Band stoppt Rekorder 1, weil der Ausgang von A8 wieder auf „0" geht, die negative Flanke über N1 das Flipflop FF1 taktet und der Q-Ausgang über T3 und Re1 den Steuerkontakt „remote 1" öffnet. Rekorder 1 steht damit für den nächsten Anrufer bereit. Damit der Beginn der Ansage nicht „überlaufen" werden kann, sollte zwischen dem Ende des Pilottons und dem ersten Ansagewort eine kleine Pause von etwa einer Sekunde aufgenommen werden.

Für das Abschalten des zweiten Rekorders sorgt der Timer IC5 nach Ablauf der mit einer Drahtbrücke an Pin 13, 14 oder 15 eingestellten „Sprechzeit". Der betreffende Timer-Ausgang liefert eine „1" und setzt über N7 sämtliche Flipflops zurück, womit auch Re2 abfällt und die Aufnahme des zweiten Rekorders beendet. Der Anrufbeantworter kann nun den nächsten Anruf entgegennehmen.

Vorbereitung

Wie bereits erwähnt, muß als erstes das Ansage-Endlosband mit dem 2-kHz-Signal bespielt werden. Dazu setzt man die Schaltung von Hand mit S3 („reset") in einen definierten Anfangszustand, schaltet mit S1 das Tonsignal auf den Ausgang „record 1" und läßt den angeschlossenen Rekorder mit dem Endlosband aufnehmen, bis das Band einmal durchgelaufen ist. Jetzt kann man die Ansage aufsprechen. Nach dem Drücken der Aufnahmetaste erst eine Pause von 1...2 Sekunden aufnehmen und dann erst sprechen. Dabei ist unbedingt darauf zu achten, daß die Ansage kürzer als die Laufzeit der Bandschleife ist, damit ein Tonabschnitt auf dem Band bleibt. Sofern der Rekorder kein eingebautes Mikrofon hat, kann man von der Aufnahme mit einem Elektret-Mikro (über A3, A2 und record-1-Ausgang) Gebrauch machen, Schalter S1 muß dann aber geöffnet sein. Wenn der Rekorder bereits an „remote 1" angeschlossen ist, kann er mit S2 von Hand gestartet werden, bei Rekorder 2 ist Handstart mit S4 möglich.

Nach dem Anfertigen der Bandansage ist noch die gewünschte Aufsprechzeitbegrenzung mit einer Drahtbrücke an IC5 einzustellen, es besteht die Wahl zwischen 30, 60 und 120 Sekunden. Die Laufzeit der Bandschleife muß kleiner sein als die Summe von Aufnahmedauer (eingestellt mit IC5) und Ansagedauer auf der Endloskassette, um sicherzustellen, daß Rekorder 1 in jedem Fall vor dem von IC5 gesteuerten allgemeinen Reset abschaltet. Sonst wäre nämlich nicht gewährleistet, daß Rekorder 1 genau am Wiederanfang der Ansage stehenbleibt.

Praxistips

Im normalen Betrieb ist bei Rekorder 1 die Wiedergabetaste permanent gedrückt, Rekorder 2 befindet sich in fester Aufnahmeposition. Die Laufsteuerung (Ein-/Ausschalten des Antriebsmotors) übernehmen die Relaiskontakte, die mit den meist als Klinkenbuchsen ausgeführten Steueranschlüssen der Rekorder verbunden sind. Sofern keine passende Buchse vorhanden ist, kann man den Relaiskontakt einfach in die Zuleitung zum Antriebsmotor einschleifen.

Für den (unwahrscheinlichen) Fall, daß die Kassette in Rekorder 2 (typisch C60) einmal ganz voll wird, sollte Rekorder 2 über eine Bandendeabschaltung verfügen. Perfektionisten sind aufgerufen, mit der Bandendeerkennung des Rekorders eine Abschaltung des Anrufbeantworters vorzunehmen. Eher praktisch orientierte Zeitgenossen werden bei längerer Abwesenheit vorsichtshalber eine C90 in den Aufnahmerekorder stecken, die dann je nach IC-5-Programmierung zwischen 22 und 90 Anrufe aufzeichnet.

Abschließend noch ein Wort zur Stromversorgung (Bild 2): Die maximale Stromaufnahme der Schaltung beträgt 500 mA. Ein ±6-V-Netzteil mit den Spannungsreglern 7806 und 7906 wäre genau das Richtige. Da diese nicht so einfach erhältlich sind, zeigt Bild 2, wie es auch mit 7805 und 7905 geht. Noch ein Tip: Sämtliche ICs der Schaltung mit 100 n entkoppeln. Das kann nie schaden!

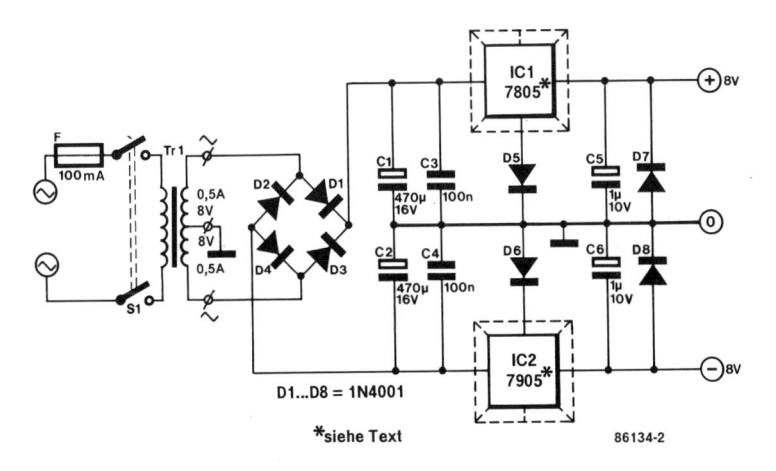

Bild 2. Passende Netzteilschaltung für ±6 V mit 7805/7905. Bei Verwendung von 7806/7906 sind die Dioden D5 und D6 durch Drahtbrücken zu ersetzen.

6.3 Telefongesprächszähler

Ein Telefonapparat hat eigentlich nur einen großen Nachteil: Man muß persönlich anwesend sein, um von seinen kommunikativen Möglichkeiten Gebrauch machen zu können. Ja klar, es gibt Telefonrufbeantworter, aber die kosten richtig Geld. Daher folgt hier eine Schaltung, die für relativ wenig Geld anzeigt, ob in Ihrer Abwesenheit ein Anruf gekommen ist. Wer da angerufen hat und was er loswerden wollte, muß man allerdings bei den niedrigen Schaltungskosten immer noch raten.

Eine wesentliche Eigenschaft ist, daß die Schaltung (Bild 1) akustisch gekoppelt ist (die Post steht nun mal nicht auf Galvanik). Außerdem hatten wir uns zur Aufgabe gemacht, eine gute Störimpulsunterdrückung zu basteln und die Schaltung so mobil wie das Telefon selbst zu machen (Batteriespeisung).

131

Als Signalaufnehmer verwenden wir einen preiswerten Lautspecher, der als Mikrofon arbeitet. Direkt danach kommt ein Fensterkomparator aus A1 und A2. Wenn sich am Lautsprecher kein Signal zeigt, ist der Ausgang (Knotenpunkt von Anschluß 1 und 7) logisch 1; ruft jemand an, entsteht eine logische 0. Bei der negativen Flanke des ersten Impulses wird MMV1 getriggert, der dann für die Störimpulsunterdrückung sorgt. Nach 0,4 s wird MMV2 freigegeben. Wenn das akustische Signal zu dieser Zeit immer noch am Lautsprecher anliegt, wird MMV2 getriggert und der Anruf registriert. Störimpulse von weniger als 0,4 Sekunden Dauer haben so keine Chance. Da MMV2 retriggerbar ist und die Monozeit ungefähr 5 Sekunden beträgt, wird das Klingelsignal des Telefons in einen Impuls umgeformt und damit auch nur als ein Gespräch registriert. R18 und T1 steuern den Dezimalpunkt der Anzeige, wobei der Punkt anzeigt, daß die Schaltung getriggert wurde.

Der Rest der Schaltung ist ziemlich einfach: ein Dezimalzähler (IC3) mit Einschalt-Reset (R7, C3) und ein BCD-zu-Siebensegment-Dekoder (IC4). Im Ruhezustand wird die Anzeige wegen des Stromverbrauchs nicht angesteuert. Ein Druck auf S2 klärt später, wieviele Telefonate eingegangen sind. Man kann die Schaltung einfach durch aus- und wieder einschalten zurücksetzen oder einen zusätzlichen Taster über C3 einbauen. Der Stromverbrauch der Schaltung beläuft sich auf ungefähr 0,6 mA, so daß eine Batterieversorgung mit 9 V kein Problem ist.

Schwierigkeiten könnte es höchstens mit der Amplitude des Lautspechersignals geben. Läßt die Eingangsempfindlichkeit zu wünschen übrig, dann kann man R1 und R2 auf 10 Ohm verkleinern. Wenn das Eingangssignal aber nicht ausreicht, baut man am besten den kleinen Verstärker aus Bild 2 auf. Der LM393 wird durch einen LM324 ersetzt, und damit stehen uns vier Operationsverstärker zur Verfügung. Einen verwenden wir zur Verstärkung, zwei weitere als Komparatoren. Die Dioden D1 und D2 sind notwendig, weil die Augänge des LM324 keine

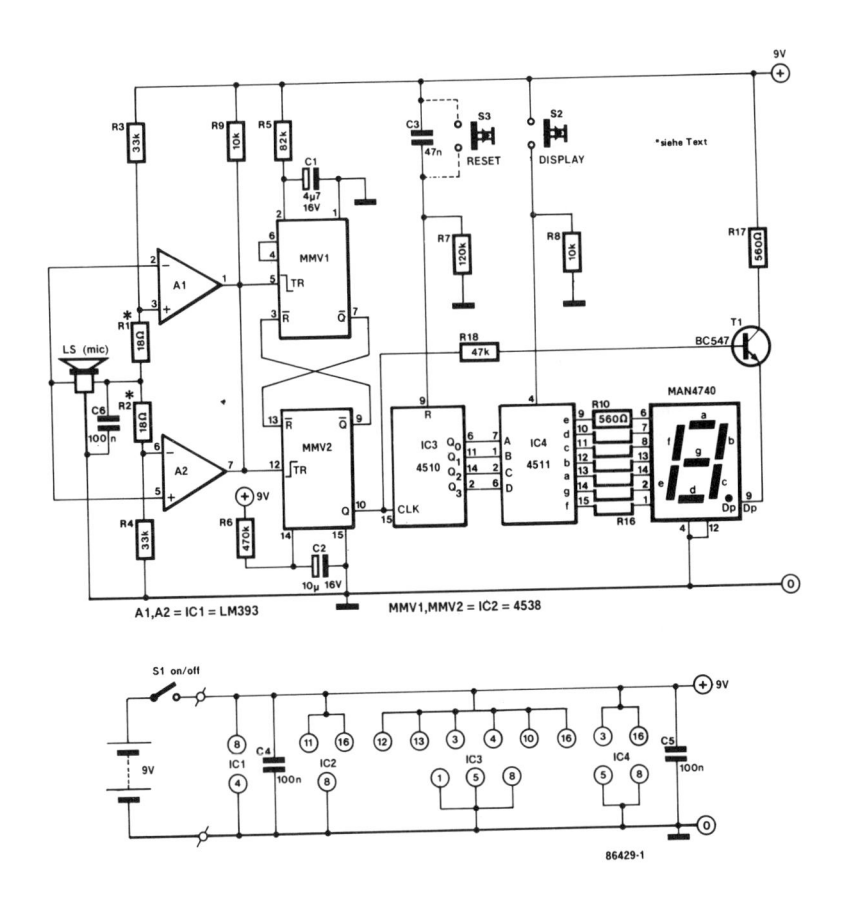

Bild 1.

offenen Kollektoren haben. Die optimale Eingangsempfindlichkeit findet man durch Experimentieren mit dem Wert von R21 heraus. Einen kleinen Nachteil hat die Verstärkerschaltung allerdings: Der Stromverbrauch erhöht sich auf 1 mA.

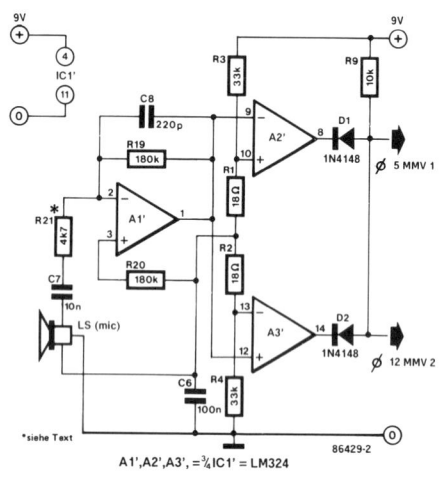

Bild 2.

6.4 Melodische Chips

Eine tolle Idee: Telefonmusik nicht nur in Firmen, Betrieben und Behörden, nein, nun auch Zuhause. Natürlich können Sie auch weiterhin den Hörer neben das Telefon legen, wenn Sie Unterlagen holen oder eben etwas fragen müssen. Mit einem automatisch durch einen Mikroschalter aktivierten Melodiegenerator in einer für den Hörer passenden Ablage ertönt zur Überbrückung der Wartezeit eine Melodie — das wirkt doch freundlicher, der Hörer fällt auch nicht mehr so leicht runter, und außerdem bleibt die Privatsphäre im Raum gewahrt — nach außen dringt nur Harmonisches...

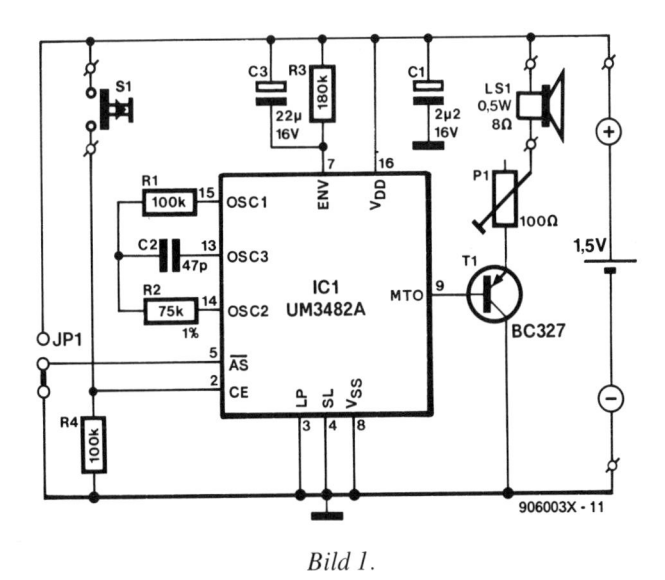

Bild 1.

Die Schaltung verwendet mit dem UM3428A ein IC aus der UM3481A-Serie des fernöstlichen Herstellers UMC. Die verschiedenen ICs dieser Reihe bieten eine große Auswahl an Melodien, im UM3482A sind es derer neun, darunter so telefonsinnige Titel wie „Are You Sleeping" und „Wiegenlied", aber auch „Joy Symphony" und „Home Sweet Home". Die externe Beschaltung fällt recht einfach aus. Für die nötige Lautstärke an einem üblichen 8-Ω-Kleinlautsprecher genügt ein einziger Transistor als Emitterfolger, den richtigen Pegel justiert man mit einem Trimmpoti. Die Klangfarbe läßt sich mit dem Wert von C3 (und auch R3) beeinflussen — das soll dann piano-, orgel- oder gar mandolinenartig klingen. Für Tonhöhe und Spielgeschwindigkeit sind C2 und R2 maßgeblich, auch hiermit läßt sich variieren. Nach dem Starten (mit S1) spielt das IC die gespeicherten Melodien der Reihe nach durch. Ist die Drahtbrücke (Jumper) JP1 nach Masse gelegt, stoppt der Generator nach der letzten Melodie, bei einer Verbindung nach +U_b geht es wieder von vorne los, jedenfalls, solange S1 geschlossen ist.

Mit der Kombination der verschiedenen Steuerpins gibt es noch mehr Möglichkeiten, die in Bild 2 (Anschlußbelegung und Tabelle) angegeben sind.

Zur Stromversorgung genügt eine einzige Mignonzelle. Die Ruhestromaufnahme der Schaltung ist so gering (einige Mikroampere), daß man sich einen Ausschalter sparen kann, der Mikroswitch S1 genügt.

Items	CE	SL	LP	$\overline{AS}$	Program
1	0	X	X	X	Stand-by
2	1	0	0	0	Start from first melody → last melody → stop
3	⌐	0	0	1	Start from first melody → last melody → repeat from first melody
4	⌐	0	1	0	Start from the present melody → stop
5	1	0	1	1	Repeat the present melody
6	1	⊓	0	0	Change to the next melody → last melody → stop
7	1	⊓	0	1	Change to the next melody → last melody → repeat from first melody
8	1	⊓	1	0	Change to the next melody → stop
9	1	⊓	1	1	Change to the next melody → repeat the same melody

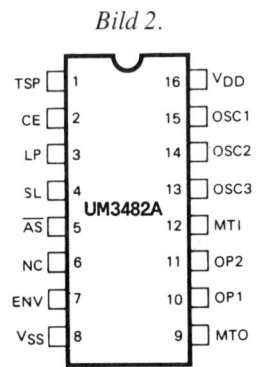

Bild 2.

```
TSP  [ 1      16 ]  VDD
CE   [ 2      15 ]  OSC1
LP   [ 3      14 ]  OSC2
SL   [ 4  UM3482A  13 ]  OSC3
AS   [ 5      12 ]  MTI
NC   [ 6      11 ]  OP2
ENV  [ 7      10 ]  OP1
VSS  [ 8       9 ]  MTO
```

906003 - 13

137

6.5 Automatischer Telefonwähler

Die automatische Rufwiederholung gehört bei vielen Modems bereits zur Standardausrüstung. Dort wo das noch nicht der Fall ist, hilft diese Schaltung weiter.

Es gibt immer mehr Softwarepakete auf dem Markt, die es erlauben, ein I/O-Bit eines Computers im Rhythmus der Wählimpulse zu schalten. Im Prinzip sind diese Wählimpulse sehr einfach zu erzeugen: man braucht nur den Stromkreis rhythmisch zu unterbrechen. Wählt man die Zahl 3, dann wird der Stromkreis also dreimal unterbrochen, wobei zwischen diesen Unterbrechungen immer wieder eine kurze Pause von 0,8 Sekunden liegt. Die Schnittstelle setzt die softwaremäßig erzeugten Impulse dann in die passenden Schaltimpulse um.

Da die Schnittstellenschaltung ziemlich klein ist, kann sie problemlos noch im Modem untergebracht werden. Die erzeugten Impulse sind etwa 100 ms lang; in dieser Zeit wird der Strom etwa 60 ms lang unterbrochen. Die Betriebsspannung kann zwischen 5 und 8 Volt liegen, die Stromaufnahme der Schaltung beträgt nur etwa 5 mA.

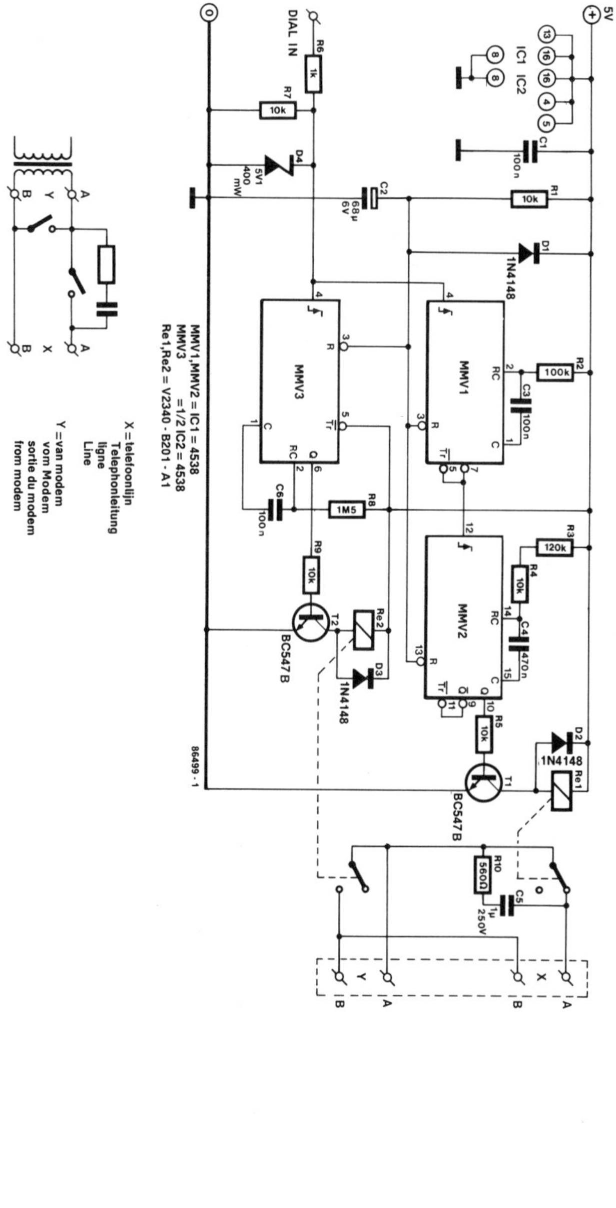
5V
IC1 IC2
DIAL IN
MMV1
MMV2
MMV3
BC547B
1N4148
MMV1,MMV2 = IC1 = 4538
MMV3 = 1/2 IC2 = 4538
Re1,Re2 = V2340 - B201 - A1
X = telefoonlijn
Telephonleitung
ligne
Line
Y = van modem
vom Modem
sortie du modem
from modem
86499 - 1

6.6 Telefon besetzt

Diese Schaltung darf nur an private Telefonanlagen angeschlossen werden. Daran ändert sich auch nichts, wenn die Rückwirkung auf die Telefonleitung unmeßbar gering ist.
Nun, wie funktioniert unsere Besetzt-Anzeige? Wenn zwei Apparate in getrennten Räumen an einer Leitung „hängen", sieht man natürlich nicht, ob gerade jemand von einem Apparat aus telefoniert. Und Lauschangriffe im eigenen Haus... das gehört sich grundsätzlich nicht. Die beiden Adern der Telefonleitung (a und b) sind über eine Gleichrichterbrücke mit der Anzeigeschaltung verbunden, dadurch entfällt die Verpolungsgefahr. Die Spannung auf der Telefonleitung (in Ruhe etwa 50...60 V) wirkt sich über Brücke und Spannungsteiler R1/R2 auf das Gate des FET BF256B aus, und daher sperrt dieser. Wird nun an einem Apparat der Hörer aufgenommen, sinkt sofort die Leitungsspannung ab, das Gate steuert auf, durch den FET fließt Strom und die LED signalisiert: **Besetzt**.

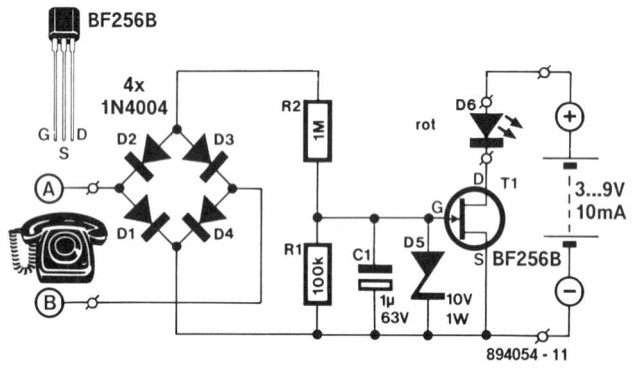

Bild 1. Die Besetztanzeige kommt mit nur wenigen Bauteilen aus.

Praktischerweise begrenzt der BF256B auch gleich den LED-Strom auf etwa 10 mA, Diode D5 läßt die Gatespannung nicht über 10 V steigen, Impulsstörungen „frißt" der Elko C1. Funktioniert die Schaltung nicht sogleich, kann man mit Widerstand R1 etwas variieren. Maximal 220 kΩ sollten aber genügen, um die Leitungsspannungen anzupassen. Als LED kann auch eine Blinkdiode eingesetzt werden. Die Rückwirkungsfreiheit der Schaltung wird allerdings durch die zusätzliche Batterie erkauft. Der erforderliche 9-V-Block paßt mit der nur wenig größeren Platine sehr gut in ein kleines Kunststoffgehäuse. Aber passen Sie bitte trotzdem auf: Auch wenn man bei 59 V noch von Niederspannung spricht, lassen Sie es nicht auf einen Unfall ankommen!

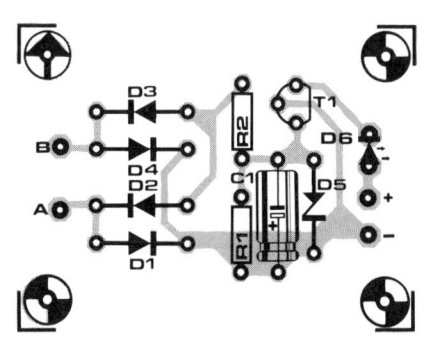

Bild 2. Bei den wenigen Bauteilen ist auch die Platine nicht allzu groß.

Anhang

Platinen-Layouts

Auf den folgenden Seiten sind die wenigen Platinenlayouts aus diesem Buch seitenverkehrt abgebildet. Die spiegelbildliche Darstellung hat den Vorteil, daß man beim Übertragen eines Films auf die lichtempfindliche Platinenoberfläche die Fotoseite der Platine zuwenden und dadurch Unschärfen vermeiden kann.

Wie wird's gemacht?

❐ Die bedruckte Seite nach unten auf die Kupferseite einer fotobeschichteten Platine legen **und** glatt streichen.

❐ Papier mit Klarpausspray einsprühen. Das Klarpausspray ist im Fachgeschäft für Zeichenbedarf erhältlich.

❐ Belichten. Hierfür geeignete Lampen sind beispielsweise Osram Ultra-Vitalux E27 oder Osram Nitraphot S 250 W. Beispiel für eine Belichtung: 4...8 Minuten mit Vitalux 333 W, bei 40 cm Abstand. Ansonsten: Ausprobieren.

❐ Entwickeln und Ätzen mit Natronlauge (etwa 9 Gramm Ätznatron in einem Liter Wasser lösen) oder mit Eisen-III-Chlorid (etwa 1 Pfund pro Liter).

❐ Fertig ist die Platine!

❐ Aus Umweltschutzgründen gehört abschließend die Entwicklungs- und Ätzflüssigkeit nicht in die Kanalisation — also nicht einfach ins Waschbecken und die Sache ist erledigt. Es handelt sich hierbei um Sonderabfall, den man bei der kommunbalen Sammelstelle abzugeben hat.

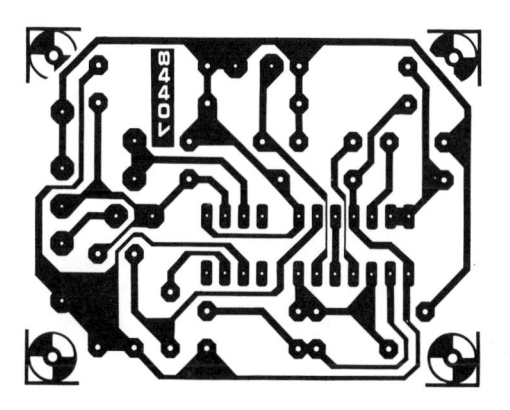

Telefon-Lichtklingel, Seite 42

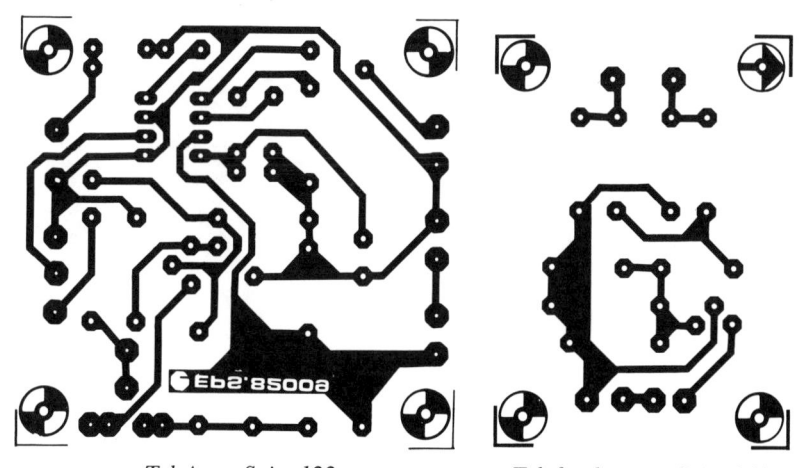

Tel-Amp, Seite 122   *Telefon besetzt, Seite 141*

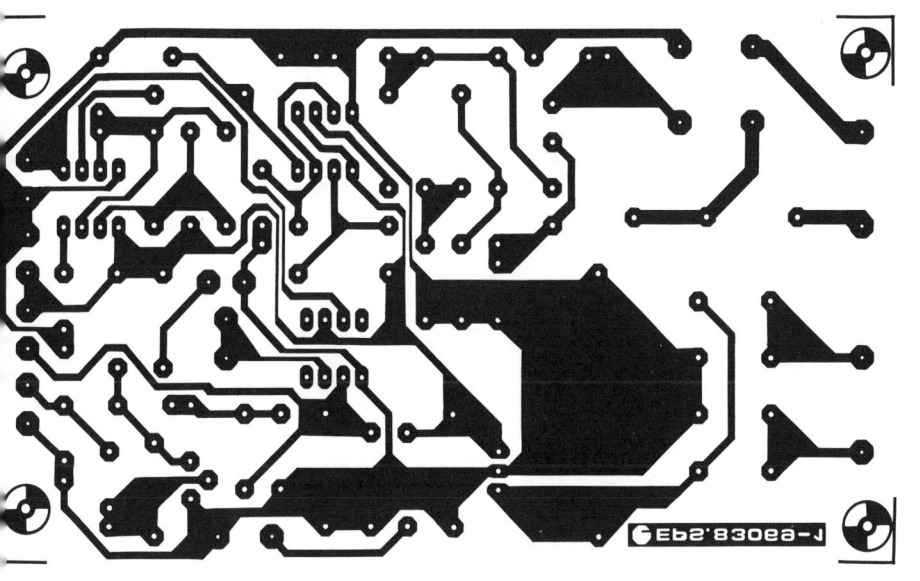

Telefon-Zweitklingel, Sender, Seite 52

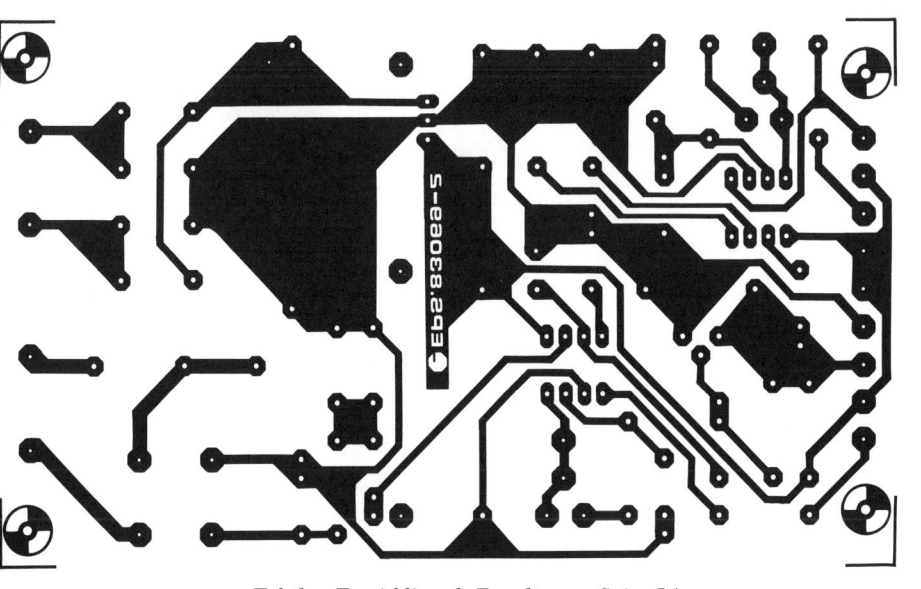

Telefon-Zweitklingel, Empfänger, Seite 54

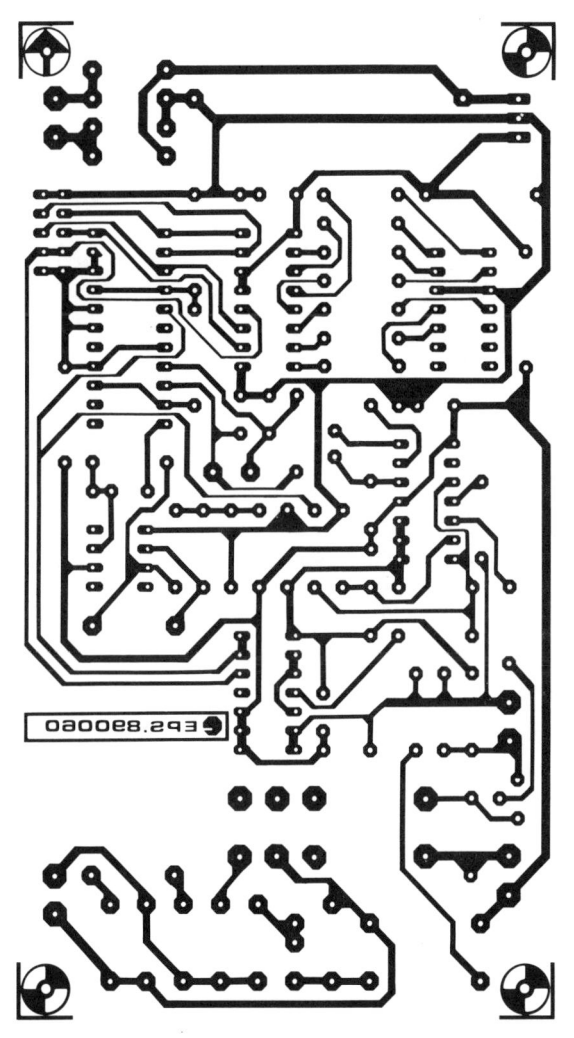

DTMF-Dekoder, Seite 80

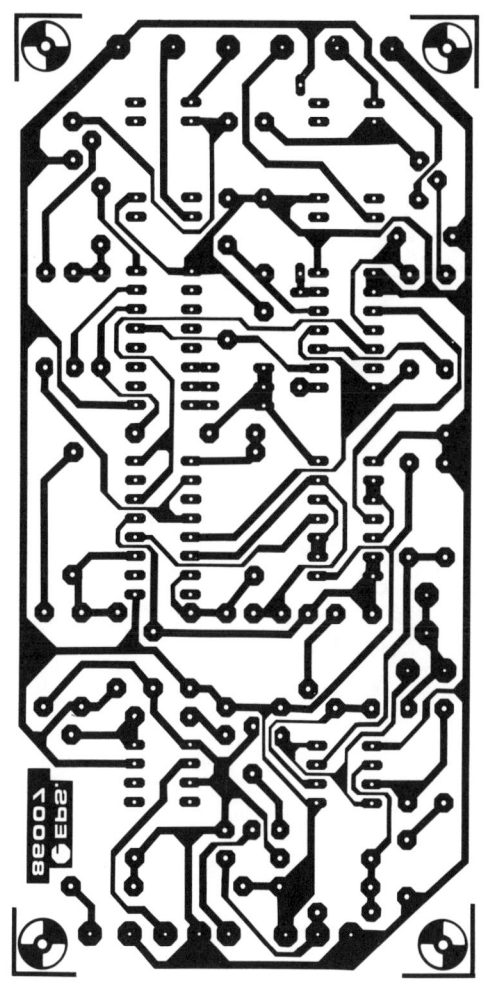

Baby-Telefon, Seite 110